눈부신 수학

수학자들이 들려주는
생활 속 수학의
아름다움

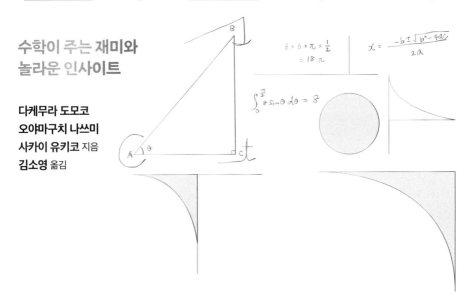

눈부신 수학

**수학이 주는 재미와
놀라운 인사이트**

다케무라 도모코
오야마구치 나쓰미
사카이 유키코 지음
김소영 옮김

미디어숲

들어가며

『눈부신 수학』을 선택한 것에 감사의 인사를 전한다.

수학이 어려워서 눈이 빙글빙글 도는 게 아니라 수학의 재미 때문에 눈이 빙글빙글 돌기도 한다는 사실을, 거기에 인생을 풍요롭게 만드는 힌트가 감추어져 있다는 사실을 알아주었으면 하는 바람으로 이 책을 집필했다.

여행을 가기 전에 미리 그 지역의 역사를 공부해 가면 즐거움이 늘어나듯이, 아주 작은 수학 지식이 일상생활을 다채롭게 만들어주길 바라며 작가 셋이 모여 흥미로운 토픽을 꾸려 보았다. 각 토픽을 끝까지 읽어 보면 누가 쓴 글인지 알 수 있을 것이다. 수식은 최대한 자제해서 글과 일러스트만 가지고도 즐길 수 있게 썼으니 가벼운 마음으로 읽어주면 좋겠다.

다케무라 도모코

"도시락도 색이 다양해야
맛깔나 보이잖아."

사카이 유키코

"글을 쓰다 보니까 미스터 칠드런의
⟨Irodori⟩ 가사가 떠오르더라고."

오야마구치 나쓰미

"이 책에서 여러 가지 빛깔이
생겨나면 좋겠다."

수학의 빛깔이 널리 퍼지길

차례

TOPIC 1

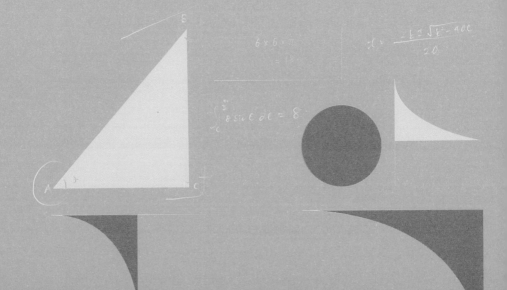

STORY 1 필승의 옷, 내려놓아야 할 때

필승 옷, 필승 속옷, 필승 안경, 필승 ○○···. 반드시 뭔가를 이루어야 하는 날에 몸에 착용하는 물건. 그 물건을 착용하면 아침부터 왠지 비장해지고 자신감이 넘쳐 좋은 일이 일어날 것만 같다. 누구나 하나쯤 그런 '필승 ○○'들을 갖고 있지 않을까?

이 '필승 ○○' 덕분에 일이 늘 잘 풀린다면야 염원을 담아 계속 착용해도 되겠지만, 만약 실패가 이어진다면 다시 검토해 봐야 할 것이다. 당연한 말을 한다고 생각하겠지만, 막상 나에게 행운을 불어넣어 준 필승 ○○을 외면하려니 용기가 생기질 않는다. 대부분은 그 필승 ○○이 최애템이거나, 좋은 추억이 가득해서 정이 많이 든 물건이기 때문이다.

그렇다면 필승 ○○을 내려놓아야 할 타이밍은 언제일까?

'언제부터인지 필승 옷을 입었는데도 일이 잘 안 풀리네. 전에는 이 옷만 입으면 백전백승이었는데···.'

이 옷 때문인가 싶기도 하지만 정이 듬뿍 든 옷이라 애써 모르는 체한다.

'그날따라 잘 안 맞는 고객이 걸렸네.'

'공들여서 자료 작성한다고 했는데 준비가 부족했나 봐.'

자꾸 그렇게 다른 이유를 찾기 때문에 그만둘 용기가 생기지 않는 건 아닐까?

하지만 만약 그 필승 옷을 입었는데도 영업을 다섯 번 이상 성공하지 못했다면, 이제 그 필승 옷의 계급을 낮추자. 이 '다섯 번'이라는 점이 중요하다. 어떻게 될지 모르는 일이 다섯 번 이어진다면, 보통은 다섯 번을 하는 게 옳다고 판단할 수 있는 것이다.

이러한 사고법은 통계학 중에 가설 검정에서 유래한다.

이 사고법의 기본은 밀크티의 맛과 관련이 있다. 아닌 밤중에 웬 밀크티인가 싶겠지만, 통계학에서는 유명한 이야기다.

1920년대 케임브리지에서 티타임을 가지던 중에 어떤 부인이 '컵에 우유부터 따르느냐, 홍차부터 따르느냐에 따라 밀크티의 맛이 달라져요.'라고 주장했다. 그곳에 있던 사람들은 대개 그럴 리 없다며 부정했다. 우유랑 홍차를 섞는 것뿐인데 무엇을 먼저 넣든 맛이 달라질 리 없다고 생각한 것이다.

그 티타임에 참가한 사람 중에 피셔라는 통계학자가 있었다. 피셔는 이 부인의 주장이 옳은지 그른지, 실험으로 검토하자고 제안했다. 우유를 먼저 넣은 밀크티와 홍차를 먼저 넣은 밀크티를 4잔씩 준비하고, 요리조리 섞어서 부인에게 건넸다. 그리고 8잔 중에서 우유를 먼저 넣은 밀크티를 4잔 골라내도록 했다. 만약 맛에 차이가 없다면 8잔의 밀크티

중에서 4잔을 구별해내기란 하늘의 별 따기다. 이 부인은 정확히 8잔 중 우유를 먼저 넣은 네 잔을 맞혔다. 피셔는 과학적으로 실증을 하기 위해서는 순서가 중요하다는 것을 밝혔고, 이는 세계 최초의 임의화 실험이 되었다. 이후 피셔는 『실험계획법』이라는 책을 냈다. '가설 검정', '실험계획법'이라는 어려운 말이 연달아 나왔는데, 가설('맛이 같다')을 세우고 실험을 하면, 그 결과(드문 일이 일어났다)로 판단(맛이 같다면 어림짐작으로 맞히는 일은 거의 일어나지 않는다. 즉 '맛이 같다'는 틀렸다!)할 수 있는 것이다.

필승 옷 이야기를 하다가 갑자기 밀크티 이야기로 넘어갔는데, 필승 옷도 마찬가지다. '이 필승 옷을 입어도 영업 결과는 달라지지 않는다(사실은 잘 된다고 믿고 싶다)'고 생각해서 실험을 반복하는데, 영업 실패가 다섯 번 이어지면 무척 드문 일이 일어난 것이다. 즉, 처음에 갖고 있던 '이 필승 옷을 입어도 영업 결과는 달라지지 않는다'라는 생각은 잘못됐다고 판단(통계 언어로 말하면 판정)할 수 있는 것이다.

약속을 잘 지키던 친구가 요즘 들어 다섯 번 연달아 지각했다고 가정해 보자. 그러면 그 친구가 지각하는 일은 더 이상 드문 일이 아니고, 어차피 지각할 텐데 짜증 내봤자 소용이 없다고 생각할 수 있다. 그 친구와 약속할 때는 가방에 시간을 때울 만한 책이라도 한 권 준비해 두면 너그럽게 기다릴 수 있을 테고, 어쩌면 그 친구에게는 지각할 수밖에 없는 말 못 할 사정이 있을지도 모르니 슬쩍 고민을 물어보면 좋을 수도 있다.

참고로 밀크티는 홍차에 차가운 우유를 넣으면 우유의 온도가 급격히 올라가서 우유의 맛이 달라진다고 한다. 밀크티를 마실 때는 우유를 먼저 넣고 홍차를 따르거나, 홍차에 살짝 데운 우유를 넣으면 좋다고 한다.

자세한 수학 해설은 다음 그림을 참조하길 바란다.

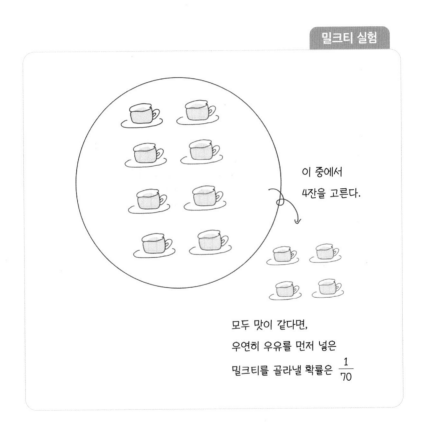

밀크티 실험

이 중에서
4잔을 고른다.

모두 맛이 같다면,
우연히 우유를 먼저 넣은
밀크티를 골라낼 확률은 $\frac{1}{70}$

이 중에서
4잔을 고른다.

(우유를 먼저 넣은 것은 ABCD)

(A B C D)는 ABCD를 골랐다는 것을 나타낸다.

(A B C D)(A C D H)(B C D F)(B E G H)
(A B C E)(A C E F)(B C D G)(B F G H)
(A B C F)(A C E G)(B C D H)(C D E F)
(A B C G)(A C E H)(B C E F)(C D E G)
(A B C H)(A C F G)(B C E G)(C D E H)
(A B D E)(A C F H)(B C E H)(C D F G)
(A B D F)(A C G H)(B C F G)(C D F H)
(A B D G)(A D E F)(B C F H)(C D G H)
(A B D H)(A D E G)(B C G H)(C E F G)
(A B E F)(A D E H)(B D E F)(C E F H)
(A B E G)(A D F G)(B D E G)(C E G H)
(A B E H)(A D F H)(B D E H)(C F G H)
(A B F G)(A D G H)(B D F G)(D E F G)
(A B F H)(A E F G)(B D F H)(D E F H)
(A B G H)(A E F H)(B D G H)(D E G H)
(A C D E)(A E G H)(B E F G)(D F G H)
(A C D F)(A F G H)(B E F H)(E F G H)
(A C D G)(B C D E)

이 중에서 이것 하나만이 우유를 먼저 넣은 것이다.

8잔 중에서 대충 4잔을 고르는 방법은 다 해서 70가지가 있고, 그중에서 정답인 4잔을 정확히 고른 경우는 한 가지이므로 확률은 $\frac{1}{70}$이다. 맛을 모른 채 대충 골라서 전부 다 맞히기란 하늘의 별 따기다!

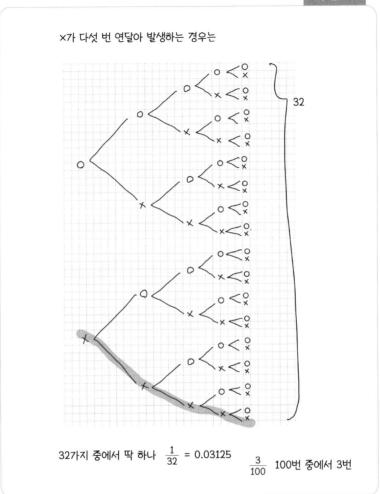

×가 다섯 번 연달아 발생하는 경우는

32

32가지 중에서 딱 하나 $\frac{1}{32}$ = 0.03125 $\frac{3}{100}$ 100번 중에서 3번

필승 옷을 입고 영업에 실패하는 경우가 다섯 번 이어지는 것도 그림으로 나타내 보면, 성공을 ○, 실패를 ×로 표시했을 때 ×가 다섯 번 중에서 다섯 번 모두 발생하는 건 32가지 경우 중에서 한 가지다. ○와 ×

가 비슷하게 발생한다고 하면, ×가 이어지는 경우는 $\frac{3}{100}$으로 굉장히 드문 일이다. ○와 ×가 비슷하게 일어난다는 생각은 틀렸다고 결론 내릴 수 있다.

다케무라 도모코

황금 비율 레시피에 건의한다!

오늘 저녁 메뉴는 무엇으로 할까 고민하면서 스마트폰으로 레시피를 검색했다. 찾아보던 도중 불현듯 눈에 들어온 문구가 있다. 전문가도 울고 가는 황금 비율 양념? 오, 뭐지? 간장 1 : 미림 1 : 청주 1…. 잠깐 검색했을 뿐인데 황금 비율이라는 말이 레시피를 온통 장악하고 있었다.

잠깐, 그치만 이건 황금 비율이 아니다. 애초에 수학에 나오는 황금 비율은 바탕이 되는 어떤 수에 φ(그리스 문자로 읽으면 피)라는 이름이 붙어 있다. 그 φ를 써서 나타내는 황금 비율 1 : φ는 대략적인 값으로만 쓰이지만, 1 : 1.6이나 5 : 8로 나타내는 비율을 말한다.

그럼 왜 인터넷에 올라오는 레시피의 양념을 '황금 비율'이라고 표현하는 걸까? 그야 누구나 맛있게 생각하는 조미료의 비율을 말하는 건 알겠다. 이해가 안 되는 건 아니지만 자꾸만 고개를 갸웃하게 된다. 실제로 황금 비율은 기원전 5, 6세기경부터 이미 '가장 아름다운 형태를 만드는 특별한 힘을 가진 수'로 여겨져 왔다. 아마 시각적으로 만인에게 사랑받는다는 이야기에서 쓱 따와 미각에 응용한 모양이다. 그러나 '황금비'란 시각적으로 만인이 아름답다고 느끼는 비율인 1 : φ 때문에 특별한 것이다! 그저 단순히 많은 사람에게 사랑받는다는 의미와는 거리가 멀다.

φ가 숫자라는 말은 앞서 이야기했지만, 그렇다고 해서 깔끔하게 딱 떨어지는 숫자는 아니다. φ=1.61803398875…. 이런 식으로 원주율 π 처럼 배열이 반복되지 않고 무한히 이어지는 소수(이른바 무리수)이다. 이 φ라는 숫자가 이름은 다르지만 이미 기원전 5, 6세기부터 건축물이나 문양에 사용되었다고 하니 정말 놀랄 따름이다.

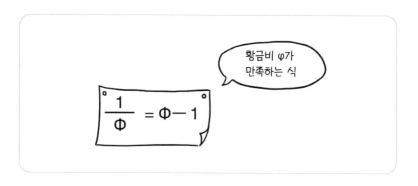

φ는 그림에 나온 관계식을 만족하는데, 이 관계는 '1개의 직선 AB가 $\dfrac{AB}{AC} = \dfrac{AC}{BC}$를 모두 만족하도록 점 C를 찾으시오'라는 문제에서 나온다. 그리고 방금 설명한 직선 AB와 그 위에 있는 점 C의 관계가 여러분이 잘 아는 별 모양 5각형에 숨어 있는 것이다.

별 모양 5각형은 피타고라스의 정리로 유명한 피타고라스학파의 상

징으로도 사용되었는데, 겉보기에도 깔끔하고 강렬한 모양이라는 사실
은 눈치챘을 것이다. 실제로 φ는 이 도형으로부터 아래와 같은 내용을
도출할 수 있다.

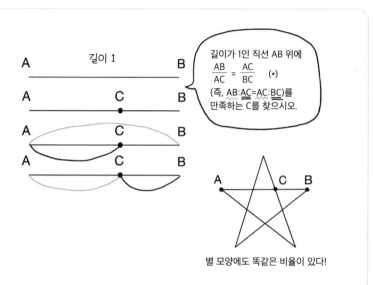

A   길이 1   B

A   C   B

A   C   B

A   C   B

길이가 1인 직선 AB 위에
$$\frac{AB}{AC} = \frac{AC}{BC} \quad (*)$$
(즉, AB:AC=AC:BC)를
만족하는 C를 찾으시오.

A   C   B

별 모양에도 똑같은 비율이 있다!

φ를 도출해 보자.

AB = 1, AC = x로 두면,

BC = AB - AC = 1 - x

($\star$)의 식에 대입하면, $\frac{1}{x} = \frac{x}{(1-x)}$로 쓸 수 있으므로

$x^2 + x - 1 = 0$이라는 방정식을 얻을 수 있다.

이 식을 풀면 $x = \frac{-1+\sqrt{5}}{2}$가 되고(0보다 커야 한다),

φ = $\frac{1}{x}$로 두면 φ는 위의 식을 만족한다.

(실제로 φ = $\frac{1}{-1+\sqrt{5}}$ = 1 + $\frac{\sqrt{5}}{2}$)

이 황금비는 컴퍼스와 자를 이용해서 비교적 간단히 작도할 수 있고, 두 변의 길이가 황금비인 직사각형(황금 직사각형이라 불린다)은 예로부터 '가장 아름다운 직사각형'으로 불리어 왔다.

고대에는 아테네의 아크로폴리스에 있는 파르테논 신전이나 쿠푸 왕의 피라미드, 도쇼다이지(일본 나라현 나라시에 있는 절 이름-역자)의 금당에 황금비가 나타났다는 설도 있고, 현대의 건축가도 5:8이라는 황금 비율의 근삿값을 이용해서 건물을 짓는듯하다.

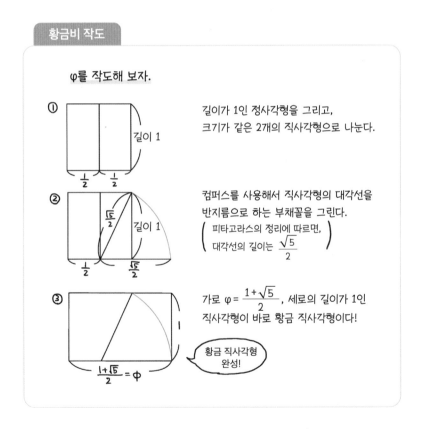

황금비 작도

φ를 작도해 보자.

① 길이가 1인 정사각형을 그리고, 크기가 같은 2개의 직사각형으로 나눈다.

길이 1 / $\frac{1}{2}$ / $\frac{1}{2}$

② 컴퍼스를 사용해서 직사각형의 대각선을 반지름으로 하는 부채꼴을 그린다.

$$\left(\begin{array}{c} \text{피타고라스의 정리에 따르면,} \\ \text{대각선의 길이는 } \dfrac{\sqrt{5}}{2} \end{array} \right)$$

$\frac{\sqrt{5}}{2}$ / 길이 1 / $\frac{1}{2}$ / $\frac{\sqrt{5}}{2}$

③ 가로 $\varphi = \dfrac{1+\sqrt{5}}{2}$, 세로의 길이가 1인 직사각형이 바로 황금 직사각형이다!

$\dfrac{1+\sqrt{5}}{2} = \varphi$

황금 직사각형 완성!

비단 건축물뿐만 아니라 밀러의 비너스나 레오나르도 다빈치의 모나 리자 그림에도 황금비가 의도적으로 들어가 있다. 앞서 나왔던 '1개의 직선 AB가 $\frac{AB}{AC} = \frac{AC}{BC}$를 모두 만족하도록 점 C를 찾으시오'라는 이야 기가 바로 그것이다. 비너스의 머리끝에서 발끝까지를 직선 AB라고 했 을 때, 비너스의 배꼽 지점이 점 C인 것이다.

또한 이 황금 직사각형을 정사각형과 직사각형으로 분할해서 얻을 수 있는 황금 나선은 가쓰시카 호쿠사이의 우키요에(에도 시대 서민 계층에 서 유행했던 목판화-역자)인 〈가나가와 해변의 높은 파도 아래〉나 우리가

잘 알고 있는 미국 모기업의 사과 마크에도 숨겨져 있다고 한다. 그뿐만 아니라 여러분의 지갑 안에서도 찾을 수 있다. 사실 체크카드나 신용카드의 모양도 황금 직사각형에 상당히 가깝다.

이렇게 신비로움이 넘쳐흐르는 숫자와 비율을 여러분도 모르는 새에 갖고 다녔던 것이다.

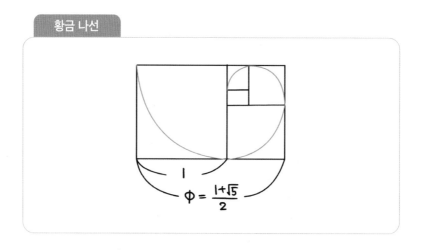

황금 나선

다시 레시피 이야기로 돌아가 보자. 이렇게 레시피에 황금 비율이라는 말을 여러 나라에서도 쓰는지 궁금해서 'global ratio recipe(세계적인 비율 레시피)'로 검색해 봤더니, 서양에서는 음료(칵테일, 라떼 등) 레시피에 많이 쓰는 것 같았다. 간장이나 미림과 같은 다양한 조미료를 처음부터 조합해서 양념을 만드는 아시아의 조리에 대한 감각이나 자세가 서양과는 조금 다른 걸지도 모르겠다. 영국의 한 사이트에서는 황금 나선 모양

케이크를 만드는 레시피를 소개하고 있다. 이게 바로 황금 비율을 제대로 쓴 케이크 레시피리라.

일상생활에서 무언가를 해결하거나 정답을 얻기 위해 정해진 방법이나 공식에 적용해서 풀이를 시도하는 장면을 자주 본다. 열심히 풀어 보겠다는 마음은 이해하지만, 수학적으로는 영원히 풀리지 않는 방정식(해답이 없음)도 있다. 뭐, 조목조목 따지자면 끝이 없으니 오늘 저녁 메뉴는 황금 비율 양념 레시피를 참고해서 돼지고기 덮밥을 만들어 볼까!

사카이 유키코

STORY 3 데굴데굴 굴러간 곳에 파이(π)가 있었다

[뷔퐁의 바늘]

펜이 마룻바닥으로 데굴데굴 떨어져 마루의 줄무늬와 교차한다면, 원주율을 떠올려 보자.

원주율이라면 초등학교에서 원둘레나 원의 넓이를 구할 때 나오는 그 용어다. 3.14(혹은 $\frac{7}{22}$)인 줄 알았는데 어느새 파이(π)라는 이름으로 불리게 된 수상한 놈. 원주율을 π로 부르게 된 후로 왠지 수학과 멀어진 사람들도 있을 듯하다. 원주율 π는 원둘레나 원의 넓이를 구할 때 쓰지만, 사실 그뿐만이 아니다.

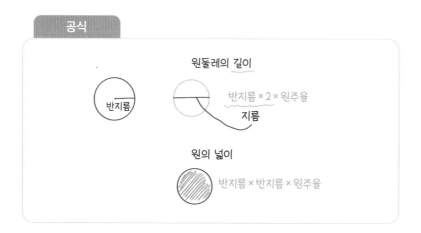

다음 이어지는 문제에도 원주율을 살짝만 적용해 보자. 아래 그림 중에서 파운데이션이 가장 많이 들어 있는 콤팩트는 무엇일까? 예상해 보자. 당신이라면 어떤 것을 사겠는가?

파운데이션 콤팩트

다음 파운데이션 케이스 중에서
파운데이션이 가장 많이 들어 있는 콤팩트는?
(두께는 모두 똑같이 1cm)

4cm
사각형

4cm
원형

4.5cm
사각형

5cm
원형

4.5cm
원형

원의 넓이 공식을 이용해서 파운데이션의 양을 비교해 보면, 어느 케이스에 가장 많은 양이 들어 있는지 알아낼 수 있다. 원주율을 3.14로 놓고 계산한 그림을 확인해 보자.

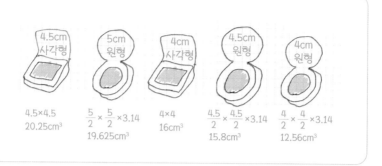

높이는 모두 1cm이므로 계산 과정에서 생략했다. 어떤가? 예상이 맞았는가?

다시 원주율과 펜, 마룻바닥의 줄무늬 이야기로 돌아가 보겠다. 펜이 마룻바닥의 줄무늬와 교차했을 때 원주율을 떠올리라고 한 이유는 펜과 줄무늬가 교차하는 빈도(확률)를 원주율 π를 써서 나타낼 수 있기 때문이다. 빈도를 원주율 π로 나타낼 수 있다고? 빈도는 '이번 주에 집밥 해 먹은 빈도는 $\frac{5}{7}$'처럼 정수의 비를 말하는 게 아니었나? 그치만 빈도나 확률에 원주율 π가 나올 때도 있다.

여기에는 뷔퐁의 바늘이라는 유명한 확률 문제가 숨어 있다.

일정한 간격으로 그은 직선 위에 바늘을 떨어뜨렸을 때, 그 바늘과 직선이 교차할 확률을 묻는 문제다. '문제'라는 말을 들으면 괜히 몸에 힘이 들어가겠지만, 여기서는 단지 즐기기 위한 가벼운 퀴즈일 뿐이다.

실제로 이 뷔퐁의 바늘 문제를 계산할 때는 바늘의 무게중심과 바늘이 직선과 이루는 각도에 착안하여 확률을 구하는데, 그 확률에 원주율 π가 나온다. 자세한 계산은 다음 그림을 참조하길 바란다.

확률(빈도)이라고 하면 $\dfrac{1}{2}$ 나 $\dfrac{1}{3}$ 같은 분수가 떠오르기 마련인데, $\dfrac{1}{\pi}$ 이라는 식도 존재하기 때문에 수학은 맛이 깊고 재미도 있는 것이다. 원주율뿐만 아니라 네이피어의 수 e(자연로그의 밑)가 확률에 나오기도 한다. 이번에 예로 든 펜과 마룻바닥의 줄무늬뿐 아니라 노트 위의 지우개 가루와 나선, 줄무늬 옷에 진 얼룩 등의 확률도 원주율과 관계가 있다. 우리 주변에 원주율과 관련된 확률이 곳곳에 숨어있다. 어디에 있는지 한번 찾아보자.

파이
π

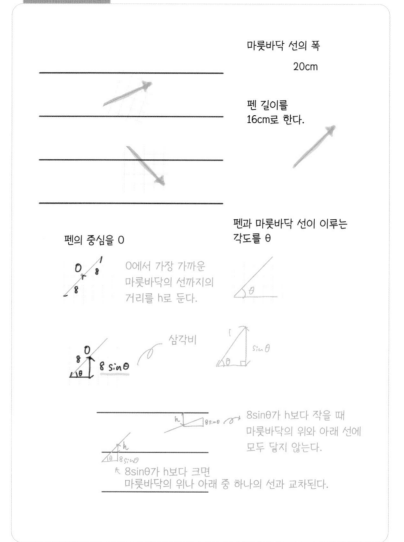

마룻바닥 선의 폭
20cm

펜 길이를
16cm로 한다.

펜과 마룻바닥 선이 이루는
각도를 θ

펜의 중심을 O

O에서 가장 가까운
마룻바닥의 선까지의
거리를 h로 둔다.

삼각비

8sinθ

8sinθ가 h보다 작을 때
마룻바닥의 위와 아래 선에
모두 닿지 않는다.

← 8sinθ가 h보다 크면
마룻바닥의 위나 아래 중 하나의 선과 교차된다.

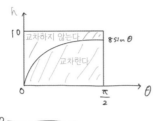

생각할 수 있는 h는 0~10

θ는 0 ~ $\dfrac{\pi}{2}$

(0~90°)

펜을 어떻게
떨어뜨리느냐에 따라
h와 θ의 값이 정해지고,
모두 같은 확률이다.

따라서 교차할 확률은
h와 θ의 전체(넓이)와
교차할 때(의 넓이)의
비로 알 수 있다!

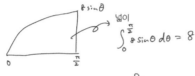

넓이를 생각하면

$10 \cdot \dfrac{\pi}{2} = 5\pi$

넓이

$\displaystyle\int_{0}^{\frac{\pi}{2}} 8\sin\theta \, d\theta = 8$

넓이를 생각하면 $\dfrac{8}{5\pi}$ 가 된다.

마룻바닥의 선과 펜이 교차할 확률

✦ π, θ나 $\sin\theta$, 나아가 $\sin\theta$의 적분도 나오는데, 윤곽이 조금이라도
잡히면 좋겠다.

다케무라 도모코

31

STORY 4 꽃잎 속에 숨겨진 숫자의 비밀

[피보나치 수열]

당신은 이런 수의 나열(이렇게 수를 나열한 것을 수열이라고 한다)을 본 적이 있는가?

$$1, 1, 2, 3, 5, 8, 13, 21, 34, 55, 89, 144, 233, \cdots$$

이 유명한 수열은 피보나치 수열이라 불리는데, 이웃한 두 숫자를 더하면 그다음 숫자가 된다는 법칙으로 숫자를 나열한 것이다. 이 수열에 나오는 숫자를 피보나치 수라고 부른다.

> **피보나치 수열**
>
> n번째 피보나치 수를 a_n이라고 할 때
>
> 더하면
>
> a_0 a_1 a_2 a_3 a_4 a_5 a_6 a_7 a_8 $\cdots$
> 1   1   2   3   5   8   13   21   34
>
> 더하면
>
> $$a_n = a_{n-1} + a_{n-2}$$
>
> n번째   n보다 1개 앞   n보다 2개 앞

피보나치 수열이라고 하면 토끼의 번식과도 관계가 있었던 걸 어렴풋이 기억하는 사람도 있을 것이다. 실제로 피보나치(이탈리아의 학자)가 1200년쯤에 쓴 책에 '처음에 토끼 한 쌍이 있었는데, 한 달 후에 어른이 된 암토끼가 두 달 후에 새끼 토끼 한 쌍을 낳는다고 하자. 어른이 된 암토끼는 매달 새끼 토끼 한 쌍을 낳고, 새끼 토끼는 두 달 후부터 또 새끼 토끼 한 쌍을 낳는다는 법칙(토끼는 죽지 않는다고 가정한다)이 적용된다면 1년 후에 토끼는 몇 쌍이 될까?'라는 문제가 있는데, 여기서 피보나치 수가 등장한다.

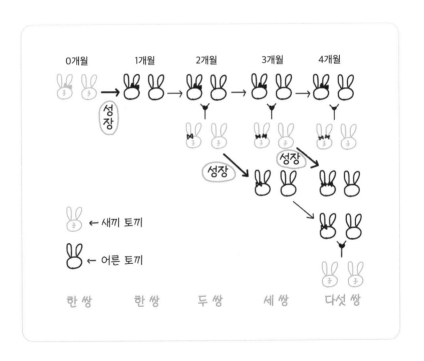

참고로 이 문제는 13번째 피보나치 수, 즉 처음에 나열한 수열에서 마지막에 쓰여 있는 233이 정답이다.

사실 이 피보나치 수는 주변 곳곳에도 숨어 있어 우리 생활에 알록달록 색을 입혀 준다. 예를 들어 꽃잎의 개수가 그렇다. 붓꽃이나 자주닭개비의 꽃잎은 3장, 벚꽃이나 도라지꽃의 꽃잎은 5장, 코스모스의 꽃잎은 8장이며 바로 보이는 것처럼 피보나치 수열의 법칙을 만족한다. 뭐, 3이나 5는 소수이기도 하니까 이 예시만 보고 꽃잎의 수가 피보나치 수라는 것은 살짝 억지인 느낌도 든다. 하지만 '데이지 같은 국화과 식물의 꽃잎은 13, 34, 55, 89장인 것이 많다'라는 예시를 알게 되면, 확실히 꽃 중에는 꽃잎의 개수가 피보나치 수와 관계가 있을 것도 같다는 생각을 떨칠 수 없다.

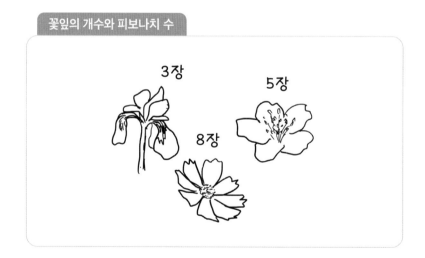

꽃잎의 개수와 피보나치 수

하루하루 생활에 쫓기다 보면 새삼 꽃을 구경할 기회가 드물지만, 가끔 길에 핀 예쁜 꽃을 발견하거나 꽃집을 지나갈 때 오색 빛깔의 꽃이 눈에 들어오면 마음이 차분해지면서 살며시 행복한 기분에 젖는다. 그런데 그 가녀리고 예쁘장한 모양이 수학의 세계와 피보나치 수라는 개념으로 이어져 있다는 사실을 발견하게 되면, 의외로 수학이란 학문이 우리 주변 곳곳에 숨어 있다는 게 실감 나지 않는가? 바쁜 일상에서도 매일 그런 소소한 행복을 느끼고 발견할 수 있을 만큼 마음의 여유를 갖고 싶다는 생각이 든다.

꽃잎의 개수 말고도 해바라기씨나 솔방울의 비늘도 피보나치 수로 배열되어 있다는 이야기는 의외로 유명하다. 그 밖에도 파인애플 껍질, 식물의 잎이나 가지, 줄기, 앵무조개의 나선형 무늬 등에도 피보나치 수가 숨어 있다. 어떻게 자연계에는 이렇게 피보나치 수가 많이 나타날까? 여러 비밀 가운데 피보나치 수열이 만들어 내는 피보나치 나선을 소개하겠다.

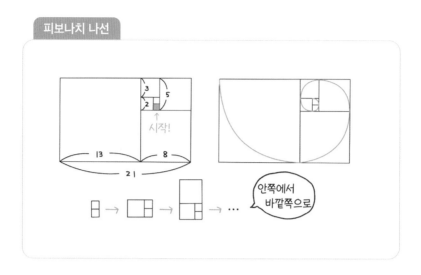

왠지 익숙한 이 모양은 어디에서 봤을까? 그렇다. 마치 황금비 때 나
왔던 황금 직사각형과 황금 나선처럼 보인다.

하지만 완전히 똑같지는 않다. 황금 나선이 황금 직사각형으로 작도
를 시작한 반면, 이 직사각형(피보나치 직사각형이라고 부르겠다)은 한 변이
1인 정사각형(첫 번째 피보나치 수인 1과 대응)을 중심으로 바깥쪽을 향해 작
도를 시작한다.

너무 비슷해 보이지 않는가? 아무튼 이 피보나치 직사각형으로 그려
진 나선은 해바라기씨나 솔방울 비늘의 배열과 앵무조개 껍데기에 숨어
있기도 하고, 실제로 나선의 개수에 피보나치 수가 나타나기도 한다. 이
러한 현상은 생물이 살아남기 위해 최적의 조건을 추구한 결과물이라고
한다.

예를 들어 해바라기씨는 원형 안에 최대한 많은 씨앗을 깔기 위해 중심에 있는 씨와 약 137.5° 각도로 다음 씨앗을 배치한다. 이렇게 반복했더니 그런 배치가 나오는 것이다. 그럼 대체 이 각도는 어디에서 온 걸까? 사실 137.5°라는 각도는 원둘레를 황금비로 나눴을 때 작은 쪽에 해당하는 각도다.

그렇다. 피보나치 수열과 황금비는 밀접한 관련이 있기 때문에 2개의 나선이 거의 흡사해 보이는 것이다. 사실 이웃한 피보나치 수의 비를 계산해 보면 거기에는 황금비가 숨겨져 있다!

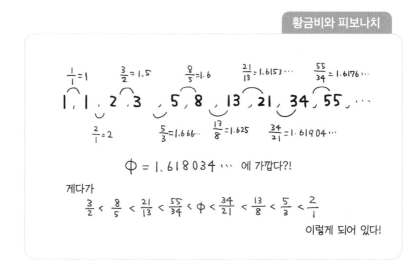

황금비와 피보나치

인접한 두 피보나치 수의 비를 위아래로 나눠서 교대로 써 봤다. 초반은 예외로 치고, 이웃한 피보나치 수의 비가 1.6에 점점 가까워지는 게 보이는가? 앞에서도 나왔듯이 황금비의 기초가 되는 수 φ는

37

1.618034…로 무한히 이어지는 비순환 소수이고, 실제로 더 큰 피보나치 수를 구해서 이웃한 수의 비를 계산해 보면 한없이 φ에 가까워진다.

특히 윗부분만 보면 비의 값이 작은 쪽에서 φ에 점점 가까워진다는 사실을 알 수 있다. 이는 이론적으로도 보증된 사실이지만 여기서는 넘어가도록 하자.

황금 나선과 피보나치 수열로 작도하는 나선 이야기로 다시 돌아가 보자. 이웃한 피보나치 수의 비가 φ에 점점 가까워진다는 사실이 두 도형이 비슷해 보이게 만들었다.

다시 얘기하지만, 왼쪽 피보나치 직사각형은 처음에 한 변이 1인 정사각형 2개에서 시작하고, 거기에 바깥쪽으로 피보나치 수를 한 변으로

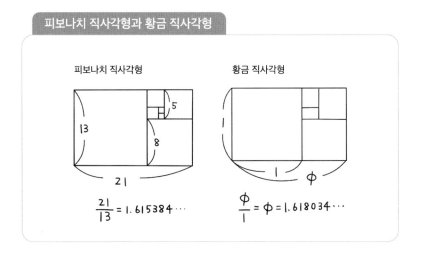

피보나치 직사각형과 황금 직사각형

피보나치 직사각형

$$\frac{21}{13} = 1.615384\cdots$$

황금 직사각형

$$\frac{\phi}{1} = \phi = 1.618034\cdots$$

하는 정사각형을 더해서 작도한다. 반면 황금 직사각형은 처음에 변의 길이가 1:φ인 직사각형이 있고, 거기서 긴 변을 1:1-φ로 나누는 작업을 반복해서 나선을 작도했다. 하지만 이웃한 피보나치 수의 비가 φ에 거의 가까웠다는 것은 피보나치 직사각형의 긴 변 역시 황금비에 가까운 비율로 나눌 수 있다고 달리 볼 수도 있다.

지금까지 생물계와 피보나치 수열의 관계를 알아봤는데, 사실 피보나치 수열은 생물계에만 나타나는 것은 아니다. 코로나 때문에 운동이 부족해졌다며 웬만하면 계단으로 다니는 사람들이 몇 명 있는데, 그 계단을 오르는 방법에도 피보나치 수가 숨어 있다.

n칸짜리 계단을 오르는 방법은 몇 가지일까? 단, 계단은 한 번에 한 칸이나 두 칸만 오를 수 있다.

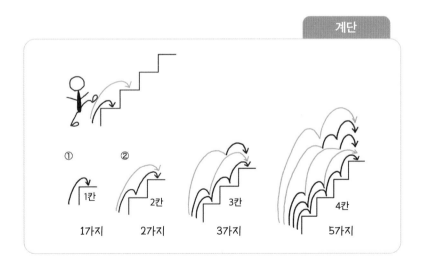

일단 1칸짜리 계단을 오르는 방법이 하나밖에 없다는 사실은 바로 알 수 있다. 그럼 2칸짜리 계단은 어떨까?

2칸짜리 계단은 1칸씩 올라가도 좋고, 한 번에 2칸을 올라가도 좋으니까 2가지가 있다. 마찬가지로 3칸, 4칸짜리 계단은 그림을 보면 알 수 있듯이 각각 3가지, 5가지가 있다.

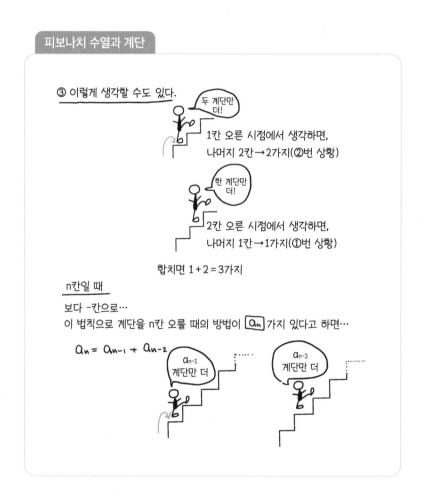

3칸짜리 계단을 오를 때는 이런 식으로 생각할 수도 있다. 1칸 오른 시점에서 생각하면 2칸 남았으니까 '계단' 그림의 ②번 경우를 생각해서 2가지, 2칸 오른 시점에서 생각하면 1칸 남았으니까 ①번 경우를 생각해서 1가지가 되고, 둘을 합치면 다 해서 3가지라는 답을 얻을 수 있는 것이다. 이 방법은 n칸짜리 계단을 오를 때에도 그대로 적용할 수 있으며 처음에 소개한 피보나치 수열 식이 고스란히 나타난다.

아주 일부만 소개해 봤는데, 우리 주변에 숨어 있는 황금비나 피보나치 수열은 깊고도 넓은 수학의 세계에서 서로 얽히고설켜 있으며 그 속에는 아름다움이 있고 생물이 살아가기 위한 합리적인 법칙도 존재한다. 정말 신비롭지 않은가? 사회 속에는 우리가 모르는 피보나치 수가 얼마나 더 숨어 있을까? 단순한 이동 시간에 피보나치 수를 찾아봐도 즐거울 것 같다.

사카이 유키코

최애의 굿즈, 다 모아봤어?

[쿠폰 수집가 문제]

좋아하는 캐릭터나 아이돌 그룹의 굿즈를 모으는 사람들에게 유용한 수학 이야기를 하려고 한다.

5종으로 이루어진 캐릭터 그룹을 좋아하는 팬이 랜덤으로 나오는 굿즈를 살 때의 이야기다. 막연히 내 최애 캐릭터가 나오면 좋겠다는 마음이 아니라 최애 캐릭터가 나올 때까지 사겠다고 마음먹은 경우, 과연 굿즈를 몇 개까지 구매해야 할까?

모든 종류의 굿즈(5종류)가 균등하게 섞여 산더미같이 쌓여 있는 곳에서 순서대로 사는 경우를 상상해 보자.

일단 최애가 5가지 중 한 가지이고 그 최애의 굿즈를 갖고 싶은 경우에는 몇 개까지 사겠다고 마음먹어야 할까?

한 번에 최애를 뽑을 확률은 $\dfrac{1}{5}$

두 번 만에 최애를 뽑을 확률은 $\dfrac{4}{25}$

세 번 만에 최애를 뽑을 확률은 $\dfrac{16}{125}$

$\vdots$

이렇게 계산할 수 있다.

캐릭터

A B C D E

이 중에서 A가 나의 최애일 때

한 번에 최애 뽑기 $\quad\quad\quad \dfrac{1}{5}$ 두 번째에 최애 뽑기 성공!

두 번 만에 최애 뽑기 $\quad\quad \dfrac{4}{5} \times \dfrac{1}{5} = \dfrac{4}{25}$

최애 말고
다른 캐릭터를 뽑는 경우

세 번 만에 최애 뽑기 $\quad\quad \dfrac{4}{5} \times \dfrac{4}{5} \times \dfrac{1}{5} = \dfrac{16}{125}$

최애 말고
다른 캐릭터를 뽑는 경우

네 번 만에 최애 뽑기 $\quad\quad \left(\dfrac{4}{5}\right)^3 \times \dfrac{1}{5}$

다섯 번 만에 최애 뽑기 $\quad\quad \left(\dfrac{4}{5}\right)^4 \times \dfrac{1}{5}$

따라서,

두 번째에 최애를 뽑을 수 있는 확률은 $\quad \dfrac{1}{5} + \dfrac{4}{25} = 36\%$

세 번째에 최애를 뽑을 수 있는 확률은 $\quad \dfrac{1}{5} + \dfrac{4}{25} + \dfrac{16}{125} = 48.8\%$

네 번째에 최애를 뽑을 수 있는 확률은 $\quad \dfrac{1}{5} + \dfrac{4}{25} + \dfrac{16}{125} + \left(\dfrac{4}{5}\right)^3 \times \dfrac{1}{5} = 59\%$

다섯 번째에 최애를 뽑을 수 있는 확률은 $\dfrac{1}{5} + \dfrac{4}{25} + \dfrac{16}{125} + \left(\dfrac{4}{5}\right)^3 \times \dfrac{1}{5} + \left(\dfrac{4}{5}\right)^4 \times \dfrac{1}{5}$
$$= 67\%$$

이걸 바탕으로 생각하면, 두 번 만에 뽑을 확률은 36%, 세 번 만에 뽑을 확률은 48.8%, 네 번 만에 뽑을 확률은 59%, 다섯 번 만에 뽑을 확률은 67%이다.

일기예보의 강수 확률처럼 이 확률을 기준으로 굿즈를 몇 개 사야 할지 마음의 준비를 해 보자.

다음으로는 최애가 5가지 중 2가지일 경우도 생각해 보자. 둘 중 한 가지만 뽑아도 만족하는 경우다!

최애가 둘일 때 ①

ABCDE

A 나 B 중 하나만 뽑아도 행복해!

한 번에 둘 중 한 가지 뽑기 $\dfrac{2}{5}$

두 번 만에 둘 중 한 가지 뽑기 $\dfrac{3}{5} \times \dfrac{2}{5}$

↑최애 말고 다른 캐릭터를 뽑는 경우

세 번 만에 둘 중 한 가지 뽑기 $\dfrac{3}{5} \times \dfrac{3}{5} \times \dfrac{2}{5}$

↑최애 말고 다른 캐릭터를 뽑는 경우

두 번째에 최애 중 한 가지를 뽑을 수 있는 확률은 $\dfrac{2}{5} + \dfrac{6}{25} = 64\%$

세 번째에 최애 중 한 가지를 뽑을 수 있는 확률은 $\dfrac{2}{5} + \dfrac{6}{25} + \dfrac{18}{125} = 78\%$

네 번째에 최애 중 한 가지를 뽑을 수 있는 확률은 $\dfrac{2}{5} + \dfrac{6}{25} + \dfrac{18}{125} + \dfrac{3^3 \cdot 2}{5^4} = 87\%$

다섯 번째에 최애 중 한 가지를 뽑을 수 있는 확률은 $\dfrac{2}{5} + \dfrac{6}{25} + \dfrac{18}{125} + \dfrac{3^3 \cdot 2}{5^4} + \dfrac{3^4 \cdot 2}{5^5}$
$= 92\%$

한 번에 최애 둘 중 하나를 뽑을 확률은 $\dfrac{2}{5}$

두 번 만에 둘 중 하나를 뽑을 확률은 $\dfrac{6}{25}$

세 번 만에 둘 중 하나를 뽑을 확률은 $\dfrac{18}{125}$

두 번 만에 최애 둘 중 하나를 뽑을 확률은 64%, 세 번 만에 뽑을 확률은 78%, 네 번 만에 뽑을 확률은 87%, 다섯 번 만에 뽑을 확률은 92%이다.

최애가 둘인데 하나만 뽑으면 되는 경우는 최애가 한 가지일 때보다 훨씬 더 빨리 뽑을 수 있다는 사실을 알 수 있다.

최애가 두 가지인데 둘 다 뽑고 싶을 때는 어떨까?

한 번에 둘 다 뽑을 수는 없으니 두 번 이상 뽑아서 둘 다 나올 경우를 생각해 보자.

두 번 만에 둘 다 뽑을 확률은 $\dfrac{2}{25}$

세 번 만에 둘 다 뽑을 확률은 $\dfrac{14}{125}$

네 번 만에 둘 다 뽑을 확률은 $\dfrac{74}{625}$

$\vdots$

세 번 만에 둘 다 뽑을 확률은 19.2%, 네 번 만에 둘 다 뽑을 확률은 31%, 다섯 번 만에 둘 다 뽑을 확률은 42.2%, 여섯 번 만에 둘 다 뽑을 확률은 52.2%, 일곱 번 만에 둘 다 뽑을 확률은 60.8%이다.

계산하기가 녹록지 않아 보이지만, 중학교와 고등학교에서 배운 확률을 사용하면 계산할 수 있다.

최애가 둘일 때 ②

최애가 둘이 있는데 둘 다 뽑고 싶다!

 C D E일 때, 최애가 아닌 C, D, E를 ◇로 쓰도록 하겠다.

❶ 두 번 만에 최애 둘 모두 뽑기

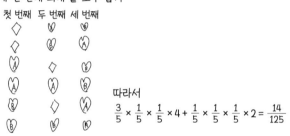

첫 번째 두 번째 첫 번째 두 번째
or 중 하나 $\dfrac{1}{5} \times \dfrac{1}{5} \times 2 = \dfrac{2}{25}$

❷ 세 번 만에 최애 둘 모두 뽑기

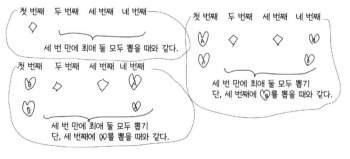

첫 번째 두 번째 세 번째

따라서

$$\dfrac{3}{5} \times \dfrac{1}{5} \times \dfrac{1}{5} \times 4 + \dfrac{1}{5} \times \dfrac{1}{5} \times \dfrac{1}{5} \times 2 = \dfrac{14}{125}$$

❸ 네 번 만에 최애 둘 모두 뽑기

첫 번째 두 번째 세 번째 네 번째

세 번 만에 최애 둘 모두 뽑을 때와 같다.

첫 번째 두 번째 세 번째 네 번째

첫 번째 두 번째 세 번째 네 번째

세 번 만에 최애 둘 모두 뽑기
단, 세 번째에 🤍를 뽑을 때와 같다.

세 번 만에 최애 둘 모두 뽑기
단, 세 번째에 🅐를 뽑을 때와 같다.

$$\dfrac{3}{5} \times \dfrac{14}{125} + \left(\dfrac{1}{5}\right)^2 \times \left(\dfrac{3}{5}\right)^2 + \dfrac{1}{5} \times \dfrac{14}{125} \times \dfrac{1}{2} + \left(\dfrac{1}{5}\right)^2 \times \left(\dfrac{3}{5}\right)^2 + \dfrac{1}{5} \times \dfrac{14}{125} \times \dfrac{1}{2} = \dfrac{74}{625}$$

다섯 번째 이후는 $\dfrac{4}{5} \times \dfrac{74}{625} + \left(\dfrac{1}{5}\right)^2 \times \left(\dfrac{3}{5}\right)^3 \times 2 \cdots$ 으로 계산할 수 있다.

마지막으로 캐릭터 5명을 전부 모으고 싶을 때는 어떨까?

다섯 번 만에 다 모을 확률은 $\dfrac{24}{625}$

여섯 번 만에 다 모을 확률은 $\dfrac{48}{625}$

일곱 번 만에 다 모을 확률은 $\dfrac{312}{3125}$

여덟 번 만에 다 모을 확률은 $\dfrac{8352}{78125}$

최애가 5명일 때 ①

 일 경우.

다섯 번 만에 전부 다 뽑으려면 각각 한 번씩 뽑으면 되므로,

| 첫 번째 | 두 번째 | 세 번째 | 네 번째 | 다섯 번째 |

Ⓐ　　Ⓑ　　Ⓒ　　Ⓓ　　Ⓔ

Ⓐ　　Ⓑ　　Ⓒ　　Ⓔ　　Ⓓ

⋮

ABCDE의 나열을 바꾼 수만큼 생각할 수 있다.

$$\dfrac{1}{5} \times \dfrac{1}{5} \times \dfrac{1}{5} \times \dfrac{1}{5} \times \dfrac{1}{5} \times \underbrace{5 \times 4 \times 3 \times 2 \times 1}_{\text{ABCDE 나열 방법}}$$

$$= \dfrac{24}{625}$$

여섯 번째에 다 뽑으려면 먼저 다섯 번째까지의 나열 방법으로

첫 번째　두 번째　세 번째　네 번째　다섯 번째

①에서 첫 번째 ♡와 같은 것이 나왔다.

$\dfrac{1}{5}$

② 첫 번째, 두 번째의 ♡와 같은 것이 나왔다

$\dfrac{2}{5}$

여섯 번 만에 다 모을 확률은 12%, 일곱 번 만에 다 모을 확률은 22%, 여덟 번 만에 다 모을 확률은 32%…. 여덟 번째의 확률을 보고 계산하기가 상당히 까다로울 것 같은 느낌을 받았을 것이다.

하지만 확률의 기하 분포·First Success 분포(FS라는 식으로 쓰기도 하는데, 기하 분포의 일종이다-역자)라 불리는 분포의 성질을 이용하면 이 어려운 계산도 쉽게 풀 수 있다.

여기서는 마지막으로 간단히 결과만 소개하겠다.

최애가 5명일 때 ②

③ 첫 번째와 두 번째와 세 번째의 ♡와 같은 것이 나온다. $\frac{3}{5}$

④ 첫 번째와 두 번째와 세 번째의 ♡와 같은 것이 나온다. $\frac{4}{5}$

위의 방법을 생각하면,

$$\frac{24}{625} \times \left(\frac{1}{5} + \frac{2}{5} + \frac{3}{5} + \frac{4}{5} \right) = \frac{48}{625}$$

일곱 번째에 다 모으려면 위의 다섯 번째까지 나열한 방법에

　①~④ 중 하나에서 이미 나왔던 ♡가 2번 연속으로 나오거나

　①~④ 중 2개에서 이미 나왔던 ♡가 한 번씩 나와야 한다.

그렇게 생각하면

$$\frac{24}{625} \times \left\{ \left(\frac{1}{5} \right)^2 + \left(\frac{2}{5} \right)^2 + \left(\frac{3}{5} \right)^2 + \left(\frac{4}{5} \right)^2 + \left(\frac{1}{5} \right)\left(\frac{2}{5} + \frac{3}{5} + \frac{4}{5} \right) \right.$$
$$\left. + \left(\frac{2}{5} \right)\left(\frac{3}{5} + \frac{4}{5} \right) + \frac{3}{5} \cdot \frac{4}{5} \right\}$$

…

다섯 명을 전부 다 모으고 싶을 때 구입하는 횟수의 평균은 $\frac{137}{12}$, 즉 약 11번이 된다.

n가지의 굿즈를 전부 다 모으고 싶을 때 평균적으로

$$\frac{n}{n} + \frac{n}{n-1} + \frac{n}{n-2} + \cdots + \frac{n}{1}$$

이만큼만 구매하면 된다고 생각해도 좋다.

n가지의 굿즈를 모을 때는 위와 같이 계산할 수 있으며, 이런 문제는 '쿠폰 수집가 문제'라고 불린다. 최애의 굿즈를 구매할 때 지표로 삼으면 좋겠다.

다케무라 도모코

49

STORY 6 넥타이 매는 법, 몇 가지나 알고 있나요?

길에서 넥타이 차림을 한 사람들을 스쳐 지나갈 때, 모양만 보고 매는 법이 어떻게 다른지, 각 매듭법에는 어떤 이름이 있는지 맞힐 수 있을까?

평소에 넥타이를 매는 사람이 아니라면 애초에 넥타이 매는 법이 몇 가지나 있다는 사실 자체를 모를 수도 있다.

그 중 대표적인 방법을 몇 가지 소개하겠다. 이름에 공통으로 들어가는 '노트knot'는 '매듭'이라는 뜻을 가졌는데, 매듭 모양이나 크기에 주목하길 바란다.

● 플레인 노트(포 인 핸드Four in hand)

넥타이 매듭 중에 가장 깊은 역사를 자랑하는 기본적인 방법. 매듭이 좌우 비대칭이라 균형이 살짝 무너진 모양이 멋스럽다.

● 더블 노트

플레인 노트에 한 바퀴를 더 감는 방법으로 살짝 크고 세로로 길다.

● 윈저 노트

도톰하게 볼륨이 있으며 좌우 대칭인 역삼각형 매듭이 만들어진다.

● 세미 윈저 노트

윈저 노트에 비해 $\frac{3}{4}$ 크기의 좌우 대칭 역삼각형 매듭이 지어진다.

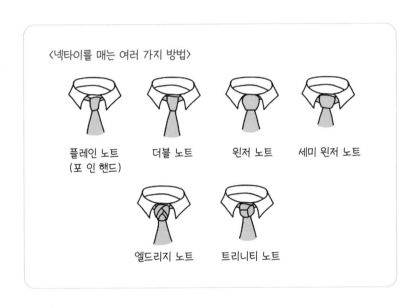

〈넥타이를 매는 여러 가지 방법〉

플레인 노트
(포 인 핸드)　　더블 노트　　윈저 노트　　세미 윈저 노트

엘드리지 노트　　트리니티 노트

그밖에도 마치 땋은 모양으로 보이는 '엘드리지 노트'나 3중 매듭으로 아름답게 묶은 '트리니티 노트' 등도 있다. 평소에 보기 힘든 이런 매듭까지 합치면 넥타이를 매는 방법은 몇 가지나 될까?

이 궁금증에 대해서는 『넥타이를 묶는 85가지 방법: 넥타이 매듭의 과학과 미학』에서 케임브리지대학의 물리학자 토마스 핑크^{Thomas Fink}와 용 마오^{Mao Yong}가 85가지라는 답을 제시했다(단, 여기서는 보통 길이의 넥타이를 써서 목에 감는 부분과 아래로 늘어뜨리는 양쪽 끝부분에 여유가 있는 매우 현실적인 방법들을 생각했다. 물론 아주 긴 넥타이를 만들어서 칭칭 감는 수를 늘리면 더 많은 방법을 생각할 수 있다는 사실에 주의하자).

그리고 그들은 보통 길이의 넥타이로 이론상 생각할 수 있는 85가지 방법 중에서 미적 기준을 통과한 13가지 방법을 추천했다. 여기서 말하는 미적 기준이란 넥타이가 지나가는 자리에 따라 달라지는 대칭성과 균형을 고려한 것이다. 넥타이를 매는 사람이라면 13가지 방법을 그날 그날 입맛에 맞게 활용하길 바란다.

넥타이 말고도 끈을 묶을 기회는 일상생활에도 많이 있다. 구두끈이나 앞뒤가 똑같은 리본을 묶을 때는 가장 평범한 '나비 묶기' 스킬을 사용하는데, 앞뒤 무늬나 색깔이 다른 리본을 사용할 때 리본의 같은 면만 나오도록 묶으려면 스킬이 더 필요하다.

다음 그림을 보면 알 수 있듯이 ⑥번에서 중앙에 있는 고리로 들어가는지, 한 바퀴를 더 돌고 들어가는지에 차이가 있다.

넥타이 매는 법을 알면 손놀림을 하나 더하기만 해도 예쁜 리본을 묶을 수 있으니 꼭 외워 두길 바란다.

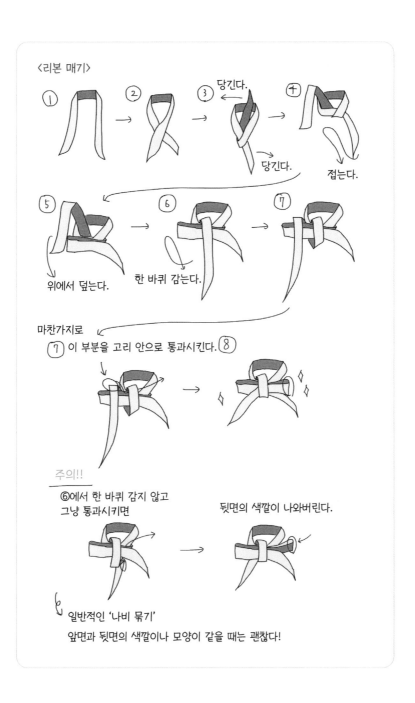

<리본 매기>

① → ② → ③ 당긴다. 당긴다. → ④ 접는다.

⑤ 위에서 덮는다. → ⑥ 한 바퀴 감는다. → ⑦

마찬가지로

⑦ 이 부분을 고리 안으로 통과시킨다. ⑧

주의!!

⑥에서 한 바퀴 감지 않고 그냥 통과시키면

뒷면의 색깔이 나와버린다.

일반적인 '나비 묶기'
앞면과 뒷면의 색깔이나 모양이 같을 때는 괜찮다!

53

여기서 넥타이나 리본을 묶는 게 대체 수학과 무슨 연관이 있는 건지 의아하게 생각하는 사람도 있을 수 있겠다. 그런데 매듭법과 수학은 깊은 연결 고리가 있다.

일상생활에서 매듭을 만들 때와 수학적 시각으로 매듭을 만들 때는 어떤 차이점이 있을까? 앞서 나온 리본 묶는 법을 ①부터 ⑧까지 살펴보자면, 각 상황에서 양쪽 끝이 풀려 있기도 하고 묶는 중간에 단계가 따로 있기도 하는 등 어떤 상태를 '매듭'이라고 불러야 할지 판단하기가 어렵다.

이 애매함을 해소하기 위해 수학적으로 '매듭 이론'을 다룰 때는 양쪽 끝을 닫아 고리로 만든 상태를 매듭으로 간주하기로 한다.

예컨대 나비 묶기로 묶은 끈의 양쪽 끝을 닫아서 고리로 만든 매듭은 그림처럼 변형해서 여분의 교점을 없애면, 클로버 모양처럼 세 점이 교점으로 만나는 매듭이 된다. 이걸 '세잎 매듭'이라고 부른다. 뒤에서 매듭 이야기를 할 때 또 등장할 예정이니 꼭 기억해 두기를 바란다.

매듭 이론은 현재 활발히 연구되고 있는 수학의 한 분야인데, 물리학이나 화학, 생물학 등 다양한 분야에 응용된다. 예를 들어 자연계에는 대장균처럼 양쪽 끝이 닫혀서 고리가 된 DNA를 가진 생물이 다수 존재하는데, 이러한 고리 모양 DNA 연구에도 매듭 이론이 사용된다.

나비 묶기

매듭의 양쪽 끝을
닿아서 고리로 만든다.

세잎 매듭
(trefoil knot)

교점

오야마구치 나쓰미

소수와 생존 경쟁

[소수 매미 이야기]

언제 배웠는지도 가물가물하다. 어릴 적 보았던 소수 매미의 존재가 뇌리에 남아 있는 사람도 있을 것이다. 나도 그중 한 사람이다.

세상에는 13년이나 17년마다 대발생하는 매미가 있다고 한다. 13도 그렇고 17도 그렇고, 1과 자기 자신 이외의 수로 나누어떨어지지 않는 소수가 신기하다는 생각을 분명 했는데도 그 당시 나는 더 이상 의구심을 품지 않은 채 어른이 되었다.

하지만 '왜 그럴까?'라는 의문점이 사라지지 않고 마음 한구석에 남아 있었던 걸까? 이 책을 기획하면서 다른 작가들과 책 내용을 의논하던 도중 곧장 소수 매미의 존재가 떠올랐다. 그 후 조사를 하다가 예전에는 풀리지 않았던 소수 매미의 비밀을 나중에 일본인 연구자가 밝혀냈다는 사실을 알게 되었다.

'소수 매미'란 우리가 흔히 알고 있는 보통의 매미와는 상당히 다른 라이프 스타일을 보내는 매미다. 여기서 그 비밀을 간단히 소개하려고 한다.

일단 소수부터 복습하자. 앞에서도 살짝 나왔듯이 '소수'란 1과 자기 자신 말고는 약수를 갖지 않는, 1보다 큰 정수를 말한다. 참고로 '약수'란 어떤 수를 나누어떨어지게 할 수 있는 정수다.

1보다 큰 정수는 소수 또는 소수가 아닌 수(합성수)로 완벽히 분류할 수 있고, 소수가 아닌 수는 반드시 소수만 사용한 곱셈으로 나타낼 수 있다. 그 소수만 사용한 곱의 형태를 '소인수분해'라고 하며, 그림처럼 모든 수는 소인수분해를 하면 방법이 딱 한 가지만 나온다.

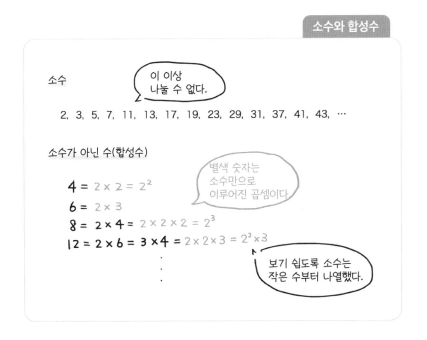

예를 들어 12라는 수는 2×6이나 4×3처럼 정수 2개의 곱셈으로 나타낼 수 있는 방법이 몇 가지씩 나오지만, 소수를 작은 수부터 순서대로 나열하는 소인수분해를 하면 딱 한 가지만 나온다. 그런데 13이나 17은

소수이기 때문에 '1×(자기 자신)'이라는 방법밖에 없는 것이다.

　이제 소수 매미 이야기로 넘어가 보자. 주기적으로 발생하는 매미를 '주기 매미'라고 하는데, 미국에는 정확히 13년, 17년마다 대발생하는 매미가 있다. 이들은 13과 17이라는 소수에 주목해서 소수 매미라고 불린다. 이 소수 매미라는 이름을 붙인 아버지이자 13년, 17년 주기를 밝혀낸 사람은 일본인 생물학자, 요시무라 진이다. 이들은 정확히 13년, 17년마다 우화하는(땅속에 있던 매미의 유충이 지상으로 나와 성충이 되는 것) 매미인데, 왜 13년이나 17년이라는 소수 주기를 가지는지 그 비밀을 파헤치려면 빙하기까지 시대를 거슬러 올라가야 한다.

　애초에 매미는 2억 년도 더 된 옛날부터 이 세상에 존재했다고 한다. 그 말인즉슨, 수많은 생물이 멸종된 그 빙하기를 버텨냈다는 뜻이 된다. 이 얼마나 무시무시한 생명력인가! 여기서 우리는 매미의 라이프 스타일에 주목해야 한다.

　소수 매미뿐만 아니라 일반 매미는 평생의 대부분을 땅속에서 지내다가 지상으로 올라온 지 일주일(길어도 몇 주) 정도 만에 수명을 다한다. 땅속에 있는 동안에는 나무뿌리에서 양분을 섭취하고 탈피를 반복하면서 성장하는데, 약 200만 년 전 빙하기 때 땅속에서 버티던 소수 매미의 조상은 추위 때문에 성장이 늦어지면서 10년 이상을 흙 속에서 생활한 것으로 추측된다.

빙하기 때는 많은 생물이 멸종의 위기에 처했지만, 북아메리카에는 난류 근처나 혹은 지형의 영향으로 기온이 크게 떨어지지 않는 장소가 일부 있었다고 한다. 그리고 그렇게 한정된 조건 속에서 매미는 겨우겨우 살아남았다는 것이다.

특히 아메리카 북부에서는 14~18년, 남부에서는 12~15년이라는 긴 세월 동안 흙 속에서 생활하는 소수 매미의 조상이 존재했다고 한다.

하지만 혹독한 환경 아래 간신히 땅속에서 살아남는다 해도 땅 위로 올라오면 다른 개체와 만나 생식 활동을 하지 않는 이상 당연히 멸종한다. 그래서 얼마나 효율적으로 자손을 남기는가가 관건이다. 생각해 보면 각자 다른 해에 따로따로 우화해서 교미 상대를 찾아 자손을 남기는 것보다는 같은 해에 다 같이 우화해서 한꺼번에 생식 활동을 하는 게 더 좋다. 그런 이유로 북아메리카 곳곳에서 같은 종류의 매미가 대량으로 발생하게 되었다는 이야기다. 생물의 진화란 정말이지 대단하다. 빙하기에 살아남고자 몇 세대를 거치며 안정화된 방법일 것이다.

지금까지 같은 해에 같은 종류의 매미가 대발생하게 된 이유를 대략 이야기해 봤는데, 정작 소수에 관해서는 한마디도 하지 않았다. 여기에는 소수와 최소공배수 개념이 개입되어 있다. 최소공배수 하면 괜히 어렵게 느껴지는데, 말이야 뭐라 부르든 무슨 상관이랴.

만약 다른 종류의 주기 매미가 어느 해에 똑같이 대발생했다고 한다면, 다음에는 몇 년 후에 같은 타이밍으로 발생할까? 이 문제에 대해 한번 생각해 보려고 한다. 미리 알려주자면, 사실 그 몇 년 후가 바로 최소공배수다.

'매미와 최소공배수'의 그림을 살펴보자.

2년마다 대발생하는 매미 A, 4년마다 대발생하는 매미 C가 어느 해에 똑같이 발생했다. 그러면 이 매미 A와 매미 C는 4년 후 같은 타이밍에 대발생한다. 2년마다 대발생하는 매미 A와 3년마다 대발생하는 매미 B가 다음으로 같은 타이밍에 대발생하는 시기는 6년 후, 3년마다 대발생하는 매미 B와 6년마다 대발생하는 매미 E도 한번 같은 해에 대발생하면 다음은 6년 후 같은 타이밍에 대발생한다는 사실을 알 수 있다.

매미와 최소공배수

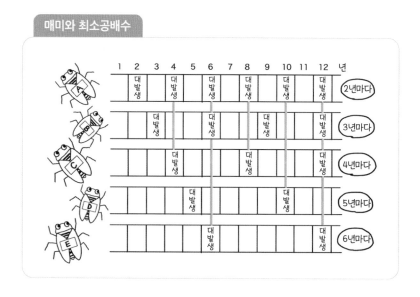

이처럼 2개의 숫자에 공통 약수가 있으면, 다음에 같은 타이밍으로 발생하는 시기는 비교적 빨리 찾아온다. 특히 2개 중 한쪽 숫자가 다른 한쪽(더 큰 숫자)의 약수인 경우는 큰 숫자가 가지는 주기만큼 지난 후에 같은 타이밍으로 대발생한다.

반대로 공통의 약수가 전혀 없는 경우에는 2개의 숫자를 곱한 수만큼 지났을 때 같은 타이밍으로 매미가 대발생한다.

여기서 드디어 소수가 등장한다. 앞서 소수란 1과 자기 자신 이외의 약수를 갖지 않는 수라고 했다. 따라서 두 종류의 주기 매미가 대발생하는 타이밍은 그 두 수를 곱한 만큼 지났을 때가 된다는 사실을 알 수 있다.

대발생하는 타이밍이 여러 번 일치해야 자손을 남길 확률이 높아지지 않을까? 보통은 그렇게 생각할 텐데, 생물의 세계는 그리 단순하지 않은 모양이다. 같은 타이밍에 대발생하면 교잡 기회(종이 다른 매미끼리 번식)가 생기고, 그로 인해 새로 탄생한 종의 주기가 흐트러지면 먼저 멸종해 버린다고 한다. 13년이나 17년이라는 주기를 갖는 소수 매미는 다른 주기 매미와 같은 타이밍에 우화할 기회가 적었기 때문에 멸종을 피했다는 것이다.

실제로 다음 표에서 알 수 있듯이 미국 북부에서 17년마다 대발생하는 소수 매미와 18년마다 대발생하는 주기 매미(18의 약수는 1, 2, 3, 6, 9, 18)가 다른 주기 매미와 같은 타이밍에 대발생하는 주기를 살펴보면 그 차이는 역력하다.

	14년	15년	16년	17년	18년
17년	238년	255년	272년		306년
18년	126년	90년	144년	306년	

17과 18은 공통 약수를 가지지 않으므로 17×18이 되어 숫자가 커진다.

이렇게 해서 소수 매미가 탄생했다고 하는데, 그 생태를 살펴보면 일반 매미와 다른 점이 아주 많다. 예를 들어 일반 매미는 외부의 적에게 철저히 들키지 않기 위해 밤에 나무 위에서 우화하는데, 소수 매미는 밝은 대낮에도 아랑곳하지 않고 우화한다. 어마어마한 수로 대발생을 하니까 외부의 적에게 웬만큼 공격을 받더라도 멸종하지 않고 계속 살아남는 듯하다.

그리고 일반 매미는 환경에 따라 땅속에서 보내는 기간이 달라진다고도 하는데, 소수 매미는 유전자로 정해져 있어서 정확히 13년과 17년이라는 주기로 우화한다.

게다가 한 숲에서 17년 주기 매미가 대발생하면, 그 숲에서는 더 이상 다른 해에도 그 매미 무리가 나오지 않도록 땅속에서 종을 명확하게 나눈다. 이렇게 생존을 걸고 최선을 다해 진화했기 때문에 뚜렷한 결과가 나타난 것일까? 조상들의 집념이 느껴진다.

소수 매미를 포함해서 매미의 생태에는 아직도 명확히 밝혀지지 않은 부분이 아주 많다고 한다.

나는 곤충 마니아는 아니지만, 어릴 때는 남들처럼 귀뚜라미나 방울벌레를 키우기도 하고 매미의 허물을 브로치 삼아 놀기도 했었다.

하지만 소수 매미에 대한 글을 쓰며 여러 가지 조사를 하다 보니 어린 시절에 느꼈던 그 설렘과 호기심이 일렁이기 시작했다. 우리가 흔히 보거나 울음소리를 듣는 매미는 고작해야 대여섯 종류뿐이지만, 일본에는 약 30종류의 매미가 산다고 한다. 생각해 보면 당연하지만 매미의 종류가 다르면 허물도 다르다고 하니, '다음 여름에는 허물만 보고 매미의 종류를 알아맞혀 볼까?', '방 커튼에서 매미를 우화시켜 볼까?' 하는 계획을 몰래 세워보는 중이다.

사카이 유키코

STORY 8 우유 팩, 제대로 펼치는 법

[사면체 타일 정리]

바쁜 아침에는 우유에 시리얼을 말아 간단하게 식사를 마친다. 마침 우유 팩이 비었으니 씻어서 펼치고 말린 다음 분리수거장에 내놓는다.

여기서 잠깐, 우유 팩을 자세히 한번 살펴볼까? 1ℓ(리터)짜리 우유 팩은 밑바닥이 7㎝인 정사각형에 높이가 19.4㎝이니까 용량을 계산해 보면 950.6㎖(밀리리터)가 나온다.

1ℓ(=1000㎖)용 팩이라면서 뭔가 이상한 느낌이 들지 않는가?

잠깐…. 정말 1ℓ가 들어 있는 게 맞나? 노파심에 우유 회사에 문의하는 사람도 있다고 한다. 위쪽 삼각형 부분 공간까지 우유가 들어 있는 걸까?

하지만 걱정할 필요 없다. 1ℓ가 정확하게 들어 있으니 말이다.

종이팩에 우유를 넣으면 우유의 무게 때문에 측면 부분이 압력을 받아 팽창하여 단면 모양이 정사각형에서 원형에 가까워진다. 신축성이 없는 소재라서 둘레 길이는 크게 달라지지 않지만, 둘레 길이가 같은 경우에는 정사각형보다 원의 넓이가 더 크기 때문에 결과적으로 들어가는 용량이 늘어나는 것이다.

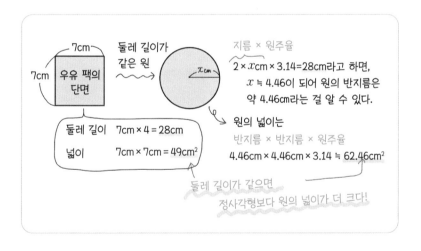

실제로 이렇게 부풀어 오르는 점까지 고려해서 우유 팩을 살짝 작게 만들기 때문에 계산상으로는 1ℓ가 되지 않더라도 우유를 넣어 보면 1ℓ

가 딱 맞게 들어간다는 사실을 알 수 있다.

그리고 보니 삼각 팩(정식 명칭은 테트라 클래식이라고 한다)이라 불리는
사면체 모양의 우유 팩을 발견하면 괜히 기분이 좋아진다. 쌓아 올려서
보존하기 어렵기도 하고 운반하기 힘들다는 점 때문에 현재는 직육면체
모양의 우유 팩(정식 명칭은 브릭 타입)이 주류로 자리 잡은 탓에 거의 모습
이 사라지게 되었다.

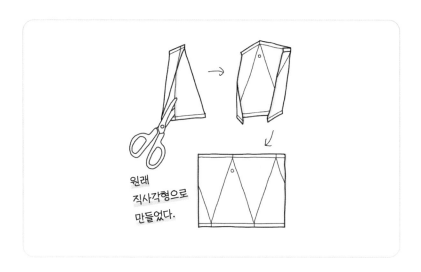

원래
직사각형으로
만들었다.

이 삼각 팩 우유가 애초에 널리 보급되었던 이유 중 하나는 전개도에
서 볼 수 있다. 팩이 붙어 있는 부분을 그림처럼 가위로 잘라서 펼쳐보
면, 직사각형을 자투리 부분 없이 효율적으로 활용하여 사면체를 만들
었다는 사실을 알 수 있다.

이번에는 삼각 팩을 다르게 펼치는 방법에 대해 생각해 보자. 그리고 옛 추억이 돋는 삼각 팩으로 재미있는 깔개 모양 만들기를 소개하려고 한다.

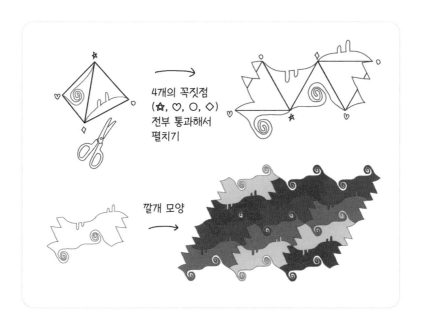

먼저 삼각 팩 사면체의 꼭짓점 4개를 모두 통과해 뿔뿔이 떨어지지 않고 전체가 연결되도록 펼쳐보자. 펼친 전개도는 놀랍게도 어떤 모양이든 반드시 평면이 겹치는 일이 없이 빽빽하게 채울 수 있다는 사실을 아키야마 진(도쿄이과대학 영예 교수)이 증명했고, 이를 '사면체 타일 정리'라고 이름 붙였다.

아무리 복잡하게 펼쳐서 툭 튀어나오거나 쑥 들어간 부분이 있다고 하더라도 요리조리 이동해 보면 딱 맞춰지게 되어 있다는 것이다.

전개법에 따라 다양한 깔개 모양을 만들 수 있어서 '타일 제조기' 또는 '타일 메이커'라고도 불리는데 정말 재미있다.

입체도형을 어떤 식으로 펼치든 간에 그 전개도에서 겹치는 부분 없이 평면을 빼곡하게 깔 수 있다니 놀라운 이야기지만, 이 성질이 성립하는 다면체는 등면사면체뿐이다.

등면사면체라는 말이 왠지 생소하게 느껴질 수도 있다. 4개의 면이 모두 똑같은 삼각형으로 이루어진 사면체를 뜻하는데, 4개의 면이 모두 정삼각형인 정사면체 역시 등면사면체에 속한다.

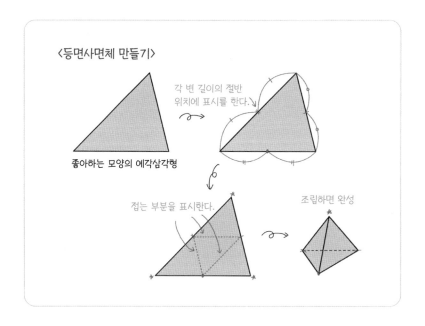

〈등면사면체 만들기〉

각 변 길이의 절반 위치에 표시를 한다.

좋아하는 모양의 예각삼각형

접는 부분을 표시한다.

조립하면 완성

삼각 팩 우유가 있으면 자신만의 스타일로 깔개 모양을 꼭 만들어 보기 바란다. 주변에 삼각 팩이 없을 때는 종이로 간단히 등면사면체를 만들 수 있다. 팔랑팔랑 얇은 종이 말고 두께감이 있는 종이를 추천한다.

참고로 정육면체(모든 면이 정사각형)를 펼쳤을 경우 11가지 전개도가 나오는데, 어떤 모양이든 모두 평면을 빼곡하게 깔 수 있는 것으로 알려져 있다.

정육면체 모양의 종이 상자로 실험해 보면 재미있지 않을까?

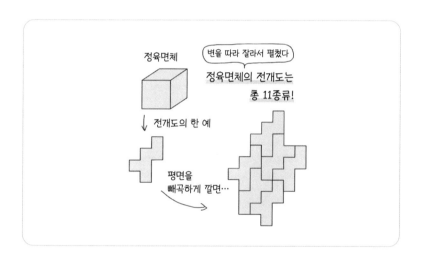

오야마구치 나쓰미

손가락 구구단

갑작스럽지만 책을 잠시 내려놓고 손바닥이 잘 보이도록 양손을 눈앞에 갖다 대 보자. 그리고 손가락 10개에 왼쪽부터 순서대로 1부터 10까지 번호를 매긴다. 이제 준비는 끝났다.

구구단 중에서 9단을 떠올려보며, 9에 곱하는 수와 같은 번호의 손가락을 접는다('3×9'를 떠올렸다면 왼쪽에서 3번째 손가락을 접기). 당신의 눈앞에 있는 손과 손가락은 방금 떠올렸던 9단의 정답을 나타내고 있지 않은가?

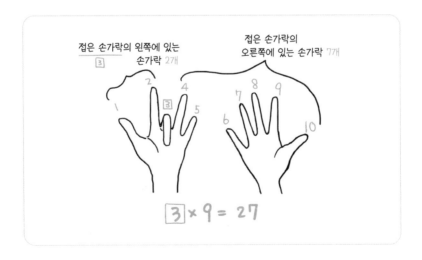

접은 손가락의 왼쪽에는 정답의 십의 자리 숫자, 접은 손가락의 오른쪽에는 일의 자리 숫자가 분명히 나타났다!

나는 최근에 이 사실을 알게 됐는데, 감동의 눈물을 흘리며 곧바로 친구들과 가족에게도 알려줬다. 그런데 문과였던 친구 중 한 명이 초등학생 때 이미 이걸 배웠다고 하는 게 아닌가! 이렇게 재미난 이야기를 가르쳐준 선생님도 참 멋있지만, 어른이 된 지금까지도 그걸 기억하는 친구 역시 대단하다. 혹시 이 이야기가 담긴 책이 있는지 찾아봤는데, 몇 권 찾긴 했지만 이유까지 설명한 책은 거의 없었다. 그러니 여기서 소개하겠다.

포인트는 아래의 3가지다.

포인트

1. 9는 10에서 1을 뺀 수

2. 왼쪽에서 □번째 손가락을 접으면
   접은 손가락보다 왼쪽에는 '□-1'개의 손가락이
   접은 손가락보다 오른쪽에는 '10-□'개의 손가락이 있다.

3. □×9는 (□-1)×10+10-□로 바꿔 쓸 수 있다!

2번까지는 어렵지 않게 이해가 됐을 것이다. 그런데 어떻게 3번처럼 식을 바꿔 쓰는 게 가능할까?

트릭을 제대로 이해하기 위해 초등학교 때 배웠던 분배 법칙을 떠올려 보자. 기억이 잘 나지 않는 사람은 아래 그림을 보면 된다. 도형으로 봐도 이해가 되지만, 변수에 구체적인 숫자를 대입해 봐도 좋다. 학창 시절에 계산식 푸는 방법을 여러 가지로 연구했을 때 나왔던 식인데 기억이 날지 모르겠다.

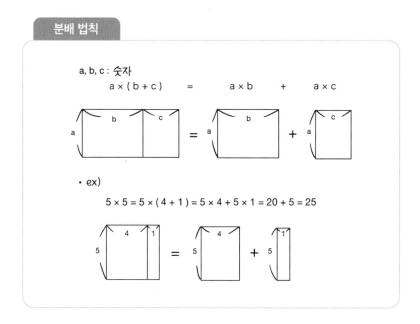

이 분배 법칙과 '더했다 빼기(변형을 잘하기 위해 필요한 변형)'로 앞서 나온 구구단 9단을 설명할 수 있다. '9단 트릭'이 이해가 됐을까?

여기까지만 봐도 손가락이 10개니까 마침 이야기가 잘 들어맞았구나 싶을 것이다. 애초에 우리는 평소에 숫자를 다룰 때 10진법을 사용하는데, 이것 자체도 인류가 수를 세기 시작했을 때 손가락을 사용했다는 것에서 유래했다.

일상생활에는 별로 사용할 일이 없지만, 숫자의 자릿수를 나타내는 영어 'digit'에는 '손가락'이라는 의미도 있는데, 이 또한 인류가 손가락을 사용해서 숫자를 세거나 계산했던 영향이 남아 있는 것이라고 한다.

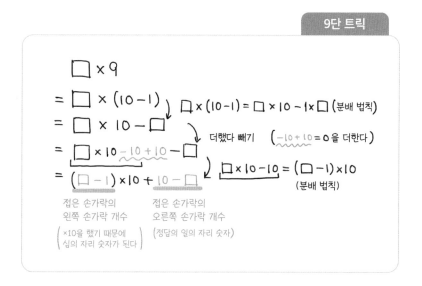

마침 분배 법칙도 기억해 냈으니, 이번에는 양손을 사용해서 6 이상의 숫자 2개를 곱하는 계산법을 하나 더 소개하겠다. 이번에는 그림처럼 양 손가락에 6부터 번호를 매긴다.

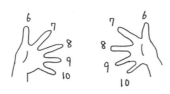

만약 8×6이라는 곱셈의 정답을 알고 싶다면, 왼손의 8번 손가락과 오른손의 6번 손가락을 그림처럼 붙인다. 붙인 손가락의 개수와 위에 오는 손가락 개수를 합한 값에 10을 곱하고, 붙어 있는 손가락 아래에 오는 손가락 개수를 좌우로 곱해서 이 둘의 값을 더하면 정답이 나온다.

대부분은 예시처럼 붙어 있는 손가락의 위에 오는 손가락 개수가 정답의 십의 자리와 일치하지만, 아래 그림처럼 예외도 있다.

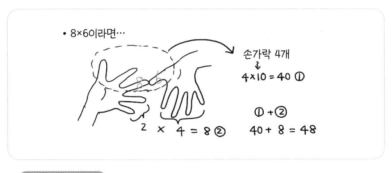

예외

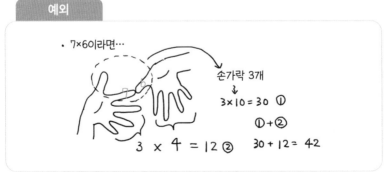

아무튼 지금까지 소개한 법칙으로 양손을 이용한 곱셈을 설명할 수 있다. 중요한 것은 '6 이상인 숫자끼리 곱하는 것이니까 $(5+○)×(5+△)$로 쓸 수 있고(○와 △는 1부터 4까지의 수) ○는 왼손의 위쪽에서 ○번째, △는 오른손의 위쪽에서 △번째 손가락을 가리킨다'라는 사실이다.

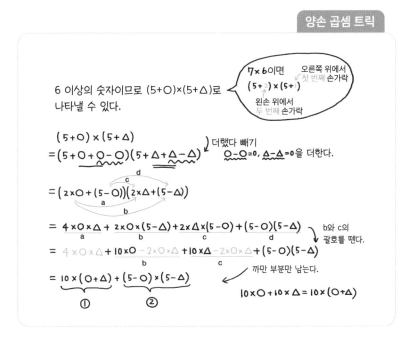

'양손 곱셈 트릭' 그림을 보면서 두뇌를 훈련하는 마음으로 도전해 보면 어떨까?

사카이 유키코

STORY 10 쓰레기를 내놓는 아침의 풍경

출근 준비로 바쁜 아침 시간. 쓰레기봉투를 한 손에 들고 집을 나서려는데, 미처 집어넣지 못한 쓰레기가 생각났다.

봉투를 다시 열어서 넣고 싶은데, '맞매듭(또는 스퀘어 매듭)'으로 너무 꽉 묶은 바람에 매듭 부분을 풀려고 해도 느슨해질 기미조차 보이지 않는다. 시간은 점점 흘러 초조해지는데 끝까지 매달려 볼지, 아니면 포기하고 다음에 버릴지 선택의 갈림길에 선다.

매듭이 잘 풀리지 않는다면 제대로 된 '맞매듭'을 하지 않고 어쩌면 '세로 매듭'으로 묶었을지도 모른다. 여러분은 맞매듭을 제대로 묶고 있는가?

쓰레기봉투의 소재 때문에 매듭의 형태가 잘 보이지 않을 때는 근처에 있는 (살짝 두꺼운) 끈으로 맞매듭을 묶어 보기 바란다. 그리고 매듭을 관찰해서 '맞매듭'인지, 아니면 '세로 매듭'인지 체크해 보자.

여기서 가장 간단해 보이는 맞매듭도 제대로 묶으려면 살짝 기술이 필요하다.

맞매듭을 배운 적이 없으면, 아마 늘 묶던 버릇대로 똑같은 방향으로 두 번 모두 묶기 때문에 세로 매듭이 되어 있을지도 모른다.

나 역시 두 매듭의 차이도 모른 채 줄곧 맞매듭인 줄 알고 묶었던 게 알고 보니 세로 매듭이었다. 그러다 대학교에서 매듭 이론을 배우면서 두 매듭의 차이점을 처음 알고 깜짝 놀랐다.

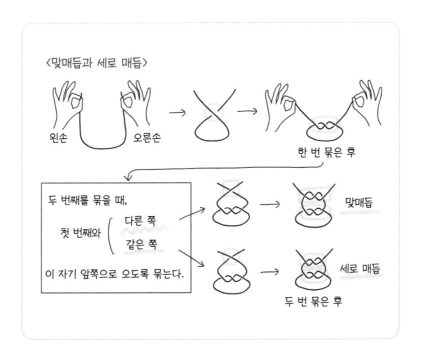

참고로 맞매듭을 '가로 매듭'이라고 부르는 경우도 있고, 그 밖에도 '본매듭', '진매듭'으로 부르기도 한다.

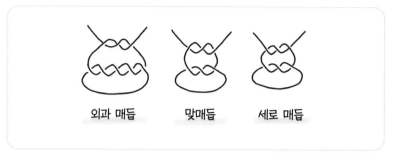

외과 매듭   맞매듭   세로 매듭

맞매듭을 바르게 묶는 방법은 아주 간단한데, 일단 한 번 묶고 나서 앞쪽에 오는 끈을 위에 놓고 교차시켜서 한 번 더 묶으면 된다.

묶을 때 끈을 쥔 양쪽 손을 교차시키는 과정에서 사람들은 일반적으로 주로 쓰는 손 쪽에 있는 끈을 위로 가게 해서 묶는 버릇이 있다. 첫 번째에 묶을 때는 보통 주로 사용하는 손 쪽에 있는 끈을 위로 가게 해서 묶는데(다음으로 묶을 때는 앞쪽에 오는 끈, 그러니까 반대 손에 들고 있는 끈이 위로 오도록 해서 묶어야 한다), 방심하면 버릇이 튀어나오는 탓에 주로 쓰는 손에 쥔 끈을 다시 위로 오게 해서 묶기 때문에 맞매듭이 세로 매듭으로 바뀌어버리는 것이다(일러스트에는 필자와 똑같이 오른손잡이인 경우를 나타냈다).

계속 얘기하다 보니 맞매듭이 세로 매듭보다 더 좋게 느껴지는데, 세로 매듭은 맞매듭보다 강도도 낮고 양쪽 끝을 잡아당기면 더 꽉 조여지기 때문에 수술에서 결찰(혈관 따위를 동여매어서 통하지 않게 함)을 할 때 사용하기도 한다.

수술에 사용되는 매듭으로는 처음 묶을 때 끈을 한 번이 아니라 두 번

얽히게 해서 묶는 '외과 매듭'도 유명한데, 첫 번째 매듭이 느슨해지지 않는다는 이점이 있다.

각 매듭의 특징을 잘 살려 상황에 맞게 구분해서 사용해 보자. 이렇게 정리하고 다시 서두로 돌아가면, 매듭을 풀어야 할 수도 있는 상황에서는 꼭 맞매듭으로 묶어야 한다. 맞매듭은 풀 때 그 힘을 발휘하기 때문이다.

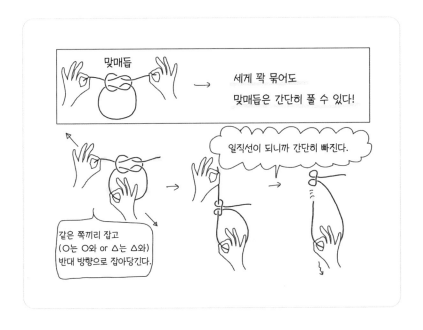

그림처럼 같은 줄끼리 잡고 반대 방향으로 잡아당기면 양손에 쥔 부분의 끈이 일직선이 되는 것을 볼 수 있을 것이다. 이제 일직선이 된 부

분을 잡아당기기만 하면 매듭 부분에서 쑥 빠지면서 단숨에 매듭이 풀린다.

이렇게 하면 한 번 세게 묶은 쓰레기봉투도 아주 간단하게 풀 수 있다.

이제 앞에서 소개한 매듭 이론을 떠올리며 맞매듭과 세로 매듭의 차이를 살펴보자.

양쪽 끝을 닫고 고리로 만들어서 잘 보이도록 변형을 하면, 그림처럼 2개의 세잎 매듭을 연결한 매듭이 된다.

이때 세로 매듭은 2개가 꼭 닮은 세잎 매듭을 연결한 모양인데, 맞매듭은 세잎 매듭의 교점 위아래가 다르다는 점에 주의해야 한다.

이 2개의 세잎 매듭은 서로 마주 보는 듯한 '거울상' 관계에 있는데, '오른손 타입'과 '왼손 타입'으로 부르며 구분한다.

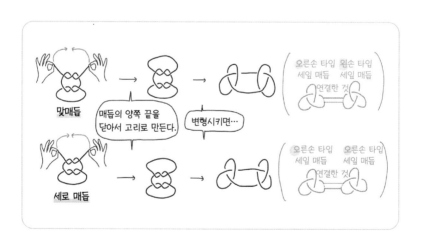

이 오른손 타입과 왼손 타입의 세잎 매듭은 교점의 위아래가 달라 보이긴 하는데 과연 정말 다른 매듭일까? 혹시 마구잡이로 흐트러뜨려서 변형시키면 서로 일치할 가능성은 없을까?

두 매듭이 같을 경우에는 서로 변형하거나 옮기는 과정을 통해 동일함을 보일 수 있다. 그렇다고 아무리 시도해도 변형되지 않았다고 해서 두 매듭이 다른 매듭이라고 단정할 수도 없다. 조금 더 시간을 들여서 노력하면 변형 방법을 찾을 수 있을지도 모르기 때문이다.

매듭 2개가 다르다는 사실을 과학적으로 증명하려면 어떻게 해야 좋을지 생각해 보자.

오야마구치 나쓰미

TOPIC 2

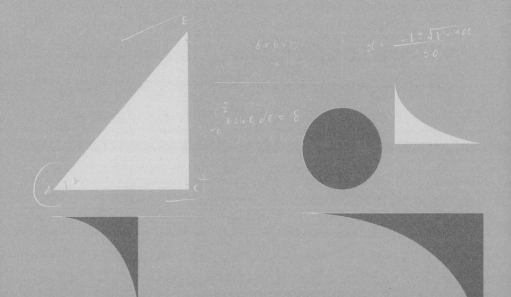

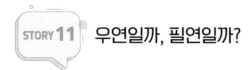

[확률]

1) 친구와 넷이 단체 미팅에 나갔는데, 상대편 중 어느 계절에 태어났는지 알아맞힐 수 있다는 한 사람의 말에 태어난 계절 맞히기 게임이 시작됐다.

'네 분은 오른쪽부터 여름, 봄, 겨울, 여름에 태어났죠?'라며 그는 우리가 태어난 계절을 예상했다. 그 결과 4명 중 한 사람만 맞았고, '태어난 계절을 맞힌다더니, 순 거짓말!' 하고 핀잔을 주며 분위기가 달아올랐다. 그때부터 대화에 활기가 생기면서 생각 이상으로 즐거운 시간을 보내게 되었다. 태어난 계절을 알아맞힌다고 했던 사람과 계절이 맞았던 친구는 쿵짝이 잘 맞아 서로 연락처를 교환했다.

2) 친구와 넷이 구혼 파티에 참가한 날의 일이다. 남녀가 각각 50명씩 참가하는 대규모 스탠딩 파티였다.

사회자의 간단한 인사와 건배로 파티의 막이 올랐다. 사회자는 '오늘 파티에 오신 분 중에 생일이 같은 분들이 있습니다!'라며 호명을 하기 시작했다. 같이 참가했던 친구도 이름이 불려 무대로 올라갔고, 생일이 같은 다른 사람과 함께 나란히 서서 자기소개를 했다. 분위기는 한층 달아올랐고, 그 후 자유

시간에도 친구와 생일이 같은 사람을 중심으로 많은 사람이 모이면서 즐거운 파티가 되었다.

이 두 가지 상황은 우연일까? 아니면 운명일까?

누가 내 태어난 계절을 맞히거나 나와 생일이 같은 사람을 만나면 평소보다 더 반가운 건 나뿐만이 아닐 것이다. 그런데 사실 확률로 따져보면 앞에서 태어난 계절 맞히기와 생일이 같은 사람을 만났다는 두 가지 이야기는 그렇게 신기한 일이 아니다.

한 명이 태어난 계절을 맞힐 수 없는 확률
봄, 여름, 가을, 겨울 중에서
태어난 계절 말고 다른 세 계절을 말하면 꽝!
즉, $\frac{3}{4}$의 확률로 틀린다.

네 명이 각각 태어난 계절을 전부 다 틀릴 확률

$$\frac{3}{4} \times \frac{3}{4} \times \frac{3}{4} \times \frac{3}{4} = \frac{81}{256}$$

네 명이 각각 태어난 계절을 전부 다 틀리지 않을 확률
그러니까 네 명 중 한 명이라도 맞힐 수 있는 확률은

$$1 - \frac{81}{256} = \frac{175}{256} \text{ 가 된다.}$$

[단체 미팅]

4명이 태어난 계절(봄, 여름, 가을, 겨울)을 전부 다 맞히기는 물론 어렵지만, 한 사람 이상 맞힐 확률은 $\frac{175}{256}=0.683\cdots$으로 약 70%나 된다. 따라서 태어난 계절을 맞히겠다며 4명의 계절을 대충 찍어도 하나쯤은 높은 확률로 맞힐 수 있는 것이다.

만약 맞히지 못했다 하더라도 분위기를 띄울 줄 아는 사람이면 '오늘은 컨디션이 별로 안 좋네. 그럼 이번엔 혈액형을 맞혀 볼게!'라며 혈액형(A, B, AB, O)을 찍어 보는 거다. 혈액형이라면 최소 한 사람쯤이야 못 맞힐까.

혈액형 퀴즈

혈액형을 맞혀야 할 때도

A, B, AB, O 중에서

정답을 하나만 맞히면 되니까

태어난 계절 맞히기와 똑같이 생각할 수 있다.

＊혈액형을 모르는 사람은 주변에서
자주 듣는 혈액형을 맞히기로 하면 됩니다!

$$\underset{\substack{\text{생일 전부}\\\text{다 틀림}}}{\frac{81}{256}} \times \underset{\substack{\text{혈액형도}\\\text{4명 연속으로 다 틀림}}}{\frac{3}{4} \times \frac{3}{4} \times \frac{3}{4} \times \frac{3}{4}} = \frac{6561}{65536}$$

= 0.1001…

≒ 10%

4명이 태어난 계절과 혈액형을 여덟 번 연속해서 틀릴 확률은 약 10%니까 약 90%의 확률로 누군가가 태어난 계절 혹은 혈액형 중 하나는 맞힐 수 있다는 뜻이 된다. 혹시 분위기를 띄워야 할 자리에 있다면 꼭 실험해 보기 바란다. 팁을 주자면, 혈액형 A형, B형, AB형, O형인 사람의 비율은 나라에 따라 다르니 비율이 높은 혈액형을 미리 알아두면 맞힐 확률도 올라간다.

태어난 계절과 혈액형을 하나도 맞히지 못한 날(확률 약 10%)은 찬물 그만 끼얹고 서둘러 식사와 술을 즐기도록 하자.

[구혼 파티]

친구 4명의 생일이 각각 다르다고 가정해 보자. 생일은 윤년을 포함하면 366일 중 하루이고, 4명의 생일은 각자 다르기 때문에 366일 중 4일은 누군가의 생일이다. 파티에 참여한 이성이 현재 50명이므로 그 50명 전부가 4명과 생일이 다를 확률은 $\frac{362}{366}$를 50번 곱한 수가 된다.

4명과 50명 전원의 생일이 다를 확률은 약 34%, 4명과 50명 전원의 생일이 다르지 않은 경우, 다시 말해 4명 중 누군가가 50명 가운데 누군가와 생일이 같을 확률은 약 66%라는 걸 알 수 있다. 그러니까 4명 중에서 생일이 같은 짝이 생겨 무대로 불릴 확률은 65%를 넘기 때문에 결코 신기한 일이라고는 할 수 없는 것이다.

생일이 같은 짝이 있을 확률 문제는 유명한데, 총 23명 중에서 생일이 같은 짝이 있을 확률은 $\frac{1}{2}$ 이상이라는 사실은 이미 널리 알려져 있다. 40명이 있을 땐 생일이 같은 짝이 있을 확률이 89% 이상까지 치솟는다. 생각해 보면 반에 꼭 한 쌍씩은 생일이 같은 경우가 있었던 것 같다. 우연인지 필연인지는 둘째 치고, 운명이라 여기고 그 분위기를 즐기는 것도 나쁘지 않다.

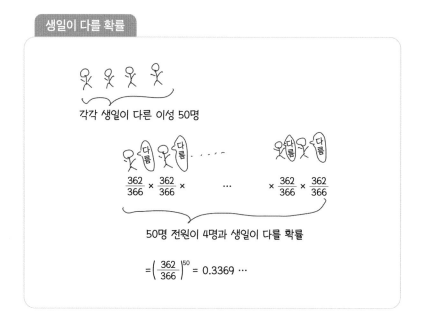

각각 생일이 다른 이성 50명

$$\frac{362}{366} \times \frac{362}{366} \times \quad \cdots \quad \times \frac{362}{366} \times \frac{362}{366}$$

50명 전원이 4명과 생일이 다를 확률

$$= \left(\frac{362}{366} \right)^{50} = 0.3369 \cdots$$

다케무라 도모코

STORY 12 〈주술회전〉으로 보는 무한히 이어지는 신기한 덧셈

[무한]

'무한'이라는 말은 우리가 평소에도 자주 접하는 말이다.

'무한' 하면 어떤 이미지가 떠오르는가? 끝없이 이어지는 느낌을 연상하는 사람도 있을 것이고, 터무니없이 거대한 느낌을 그리며 무한대라는 말을 쓰는 사람도 있을 것이다. '무한으로 수가 커지는 것'을 나타내는 기호로 수학에서는 '∞'를 쓴다. 이 수학 기호는 '무한의 가능성', '영원', 'Infinity' 등을 콘셉트로 해서 회사나 상품 광고 로고 등에도 자주 쓰이기 때문에 누구나 한 번쯤은 이 모양을 본 적이 있을 것이다.

이 책을 집필하기 시작하면서 〈주술회전〉이라는 인기 만화에 '무한'이 키워드로 나온다는 사실을 우연히 알게 됐다. 인터넷으로 검색을 좀 해 봤더니, 그 만화에 등장하는 인기 캐릭터가 '무하한 주술'이라는 술법을 구사하는데, 작중에는 '수렴하는 무한급수 같은 것'이라는 설명도 나와 있다고 한다.

무심하게 툭 적혀 있지만, 이 '수렴하는 무한급수'란 엄연한 수학 용어다. '무한급수'란 무한히 이어지는 덧셈을 말하는데, '수렴한다'라는 건 그 값이 어떤 값에 한없이 가까워지는 것을 뜻한다.

주술회전을 인터넷에 검색해 보고 호기심이 생긴 나는 '무한한 주술'에 대한 설명이 나와 있다는 8권을 일단 사 봤다. 그랬더니 '수렴하는 무한급수'라는 설명뿐만 아니라 '아킬레우스와 거북이'라는 용어까지 나와 있는 것이 아닌가. 바로 이 2개의 키워드가 이번 장에서 내가 소개하고 싶었던 것들이었다!

무한급수, 그리고 아킬레우스와 거북이 이야기. 둘 다 '무한'에 얽힌 이야기인데, 똑같은 '무한'이라 해도 보는 관점은 천지 차이다.

'무한'이라는 말 자체가 살짝 까다로운 대상인데, 철학적 입장과 수학적 입장에서 해석하는 방법이 몇 가지나 있다. 그 다양한 해석 속에서 가끔은 모순이 나오기도 하고, 신비로우면서도 신기한 현상이 일어나기도 한다. 아킬레우스와 거북이 이야기를 하기 전에 살짝 특이한 술래잡기 이야기를 먼저 풀어 보려고 한다.

이름하여 '너만 보인단 말이야! 집착이 심한 술래와의 술래잡기'이다. 아이들이 술래잡기를 하고 있다. 그런데 지금 술래는 집착이 심하다. 어느 순간에 목표물 A가 시야에 들어오면 A는 계속 그곳에 있을 거라고 믿고 오로지 그곳만 보며 달려간다. 하지만 보통 술래잡기를 할 때는 다들 여기저기 도망가느라 한곳에 머무르려 하지 않는다. 그래서 술래가 A를 목격한 장소에 꽂혀 달려가는 동안에 A는 다른 장소로 이동한다. 술래가 이 방법을 끝까지 고수해 봤자 아예 처음부터 술래의 눈앞에 A를 대령해 놓는 특수 상황이 아닌 이상 영원히 A를 잡지 못한다.

이 술래잡기에 속도 차이의 개념을 더한 것이 그 유명한 '아킬레우스와 거북이'라는 에피소드다. 이는 고대 그리스의 철학자 제논이 남긴 유명한 패러독스(얼핏 타당해 보이는 추론에서 받아들이기 힘든 결론을 얻을 수 있다는 뜻-역자) 중 하나다.

[아킬레우스와 거북이]

빠른 발로 유명한 아킬레우스와 거북이가 달리기 경주를 한다. 아킬레우스는 거북이보다 10배 더 빨리 달릴 수 있다고 하니 거북이는 아킬레우스보다 100m 앞에서 출발하기로 했다. 동시에 출발하여 아킬레우스가 100m를 이동한 시점에 거북이는 10m 앞에 있다. 또 아킬레우스가 10m를 움직이면 이번에 거북이는 1m 앞에 있다.

아킬레우스가 거북이를 따라잡으려 해도 거북이는 늘 조금씩 앞서가기 때문에 이론상 영원히 따라잡지 못한다.

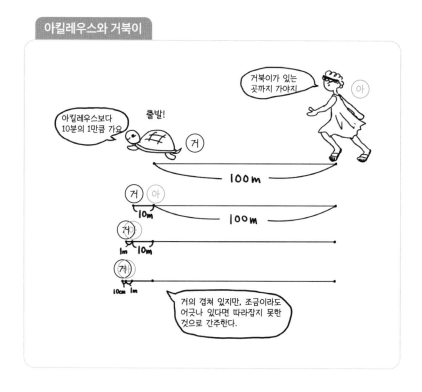

아킬레우스와 거북이의 일화를 오랜만에 다시 읽고 어떤 생각이 들었는가? '일직선 위에서 술래잡기를 하는데 술래가 A보다 10배 더 빨리 달릴 수 있다는 조건을 달았구나' 정도만 생각을 했을 것이다. 이 일화만 읽으면 논리적으로 틀리지 않은 것처럼 보이지만, 현실적으로는 아킬레우스가 거북이를 따라잡는다. 그게 바로 패러독스인 것이다. 현실의 상황과 똑같이 수학적으로 계산해 보자. 아킬레우스가 이동한 거리를 xm라고 했을 때, 출발 지점부터 111m 정도 떨어진 지점에서 아킬레우스는 거북이를 따라잡는다는 사실을 알 수 있다(사실 이 문제는 아킬레우스와 거북이의 속도를 구체적으로 설정하면 어린이용 수학 문제가 된다. 그 해법은 이 이야기 마지막에 부록으로 소개하겠다).

그럼 여기서 무한으로 이어지는 덧셈 이야기를 살짝 해 보겠다. 다음 그림에서 덧셈의 해답을 생각해 보자. 답은 몇이 나왔는가? 일반(유한개의) 덧셈은 계산의 법칙만 만족하면 괄호를 아무 곳에나 달아도 계산 결과가 똑같아지지만, 무한 덧셈에서는 괄호를 어디에 넣느냐에 따라 대답이 두 가지로 갈린다.

유한한 덧셈과 무한한 덧셈은 같은 법칙으로 계산할 수 없고, 무한 덧셈을 하려면 다른 법칙이 필요하다.

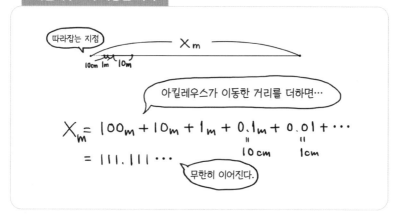

$$1 - 1 + 1 - 1 + 1 - 1 + \cdots = ?$$

유한개의 덧셈

$$1 - 1 + 1 - 1 = 0$$
$$(1 - 1) + (1 - 1) = 0$$
$$1 - (1 - 1) - 1 = 0$$

아무 곳에나 괄호를
달아도 답은 같다.

무한개의 덧셈

$$(1 - 1) + (1 - 1) + (1 - 1) + \cdots = 0$$
$$1 - (1 - 1) - (1 - 1) - (1 - 1) + \cdots = 1$$

앗, 답이 2가지가
나왔는데?

포괄적으로 그 법칙을 소개하자면, 무한 덧셈 계산에는 오른쪽에 나
와있듯이 2단계가 필요하다.

②의 결과로 무언가 하나의 값이 나오면 그게 정답이다(무한급수는 수

렴한다). 반대로 하나의 값이 정해지지 않았다면, 그 무한급수는 계산할 수 없다(무한급수는 발산한다). 처음에 예로 들었던 무한하게 이어지는 덧셈도 다음 페이지의 '무한급수의 발산'의 그림과 같이 생각할 수 있다.

무한으로 이어지는 덧셈의 법칙

① n번째 항까지 덧셈한다.

② ①의 결과(결과에는 n이라는 문자가 들어 있다)로 n을 점점(무한히) 크게 하면 어떻게 될지 생각한다.

→ ②의 결과
- 하나의 값이 나오면 그게 정답 → '무한급수는 수렴한다'라고 한다.
- 답이 하나로 정해지지 않는다. → '무한급수는 발산한다'라고 한다. (정답이 없다.)

> 1+1+1+ …도 1-1+1-1+…도 여기

그럼 다시 아킬레우스와 거북이의 이야기로 돌아가자.

앞에서 '아킬레우스가 이동한 거리'를 그림으로 봤을 때 왠지 해답이 111.111…이 된다는 사실을 이해했을 텐데, 식으로 나타내면 방금 소개한 2단계를 거쳐 무한급수를 계산해서 값을 이끌어낼 수 있다.

그런데 애초에 현실적으로, 그러니까 시간이 한정된 상황에서 무한히 덧셈을 반복하는 것이 가능할까?

이는 '아킬레우스와 거북이'가 어떻게 패러독스가 되는가에 얽힌 이야기다. '아킬레우스와 거북이'의 논쟁에서 아킬레우스는 거북이를 따라잡지 못하는데, 왜 수학적으로 계산하면(무한급수를 계산하면) 아킬레우

$$|-|+|-|+\cdots$$

n번째까지 덧셈한 해답은 2가지

① n번째까지의 계산 결과 $\begin{cases} \text{n이 홀수일 때} \rightarrow 1 \\ \text{n이 짝수일 때} \rightarrow 0 \end{cases}$

①의 계산 결과에서 n을 점점 크게 해도 그 답은 1과 0을 반복할 뿐

~~~→ 답이 하나로 정해지지 않으므로 발산(정답 없음)

스가 거북이를 따라잡는다는 것일까?

그것은 '무한'을 바라보는 관점이 다르기 때문이다.

'아킬레우스와 거북이'에서는 행위를 무한 번 반복한다는 것이 불가능하다는 입장이고, 수학적(무한급수의 계산)으로는 'n이 무한히 커진다면'이라고 가정하는 시점에서 이미 무한 번의 행위를 인정하는 셈이다. 그 '무한'에 대한 입장의 차이 때문에 패러독스가 생기는 것이다.

이 '무한'을 이해하는 관점의 차이는 수의 이해에서도 나타난다. 아킬레우스가 이동하는 거리 x는 $111.111\cdots$이었지만, 소수점 이하에 1이 무한히 이어지는 이 값은 분수를 사용해서 $111+\dfrac{1}{9}$로 쓸 수 있다(실제로 1 나누기 9를 계산하면 답은 $0.111\cdots$이 된다).

이처럼 무한히 이어지는 순환 소수(같은 숫자가 반복해서 나오는 소수. 여기서는 1이 무한히 반복된다)나 유한 소수는 반드시 분수 형태로 쓸 수 있고, 정수와 합쳐서 '유리수'라고 부른다(황금비에서도 이야기했지만, 원주율 π

처럼 무한히 이어지는 순환하지 않는 소수는 '무리수'라고 부른다). 하지만 이 또한 수학적으로 무한 번 반복되는 행위를 인정한다는 전제 하에 할 수 있는 말이다. 따라서 '아킬레우스와 거북이'의 입장에서 말하자면 $0.111\cdots$은 $\frac{1}{9}$에 한없이 가까워지지만, 정확하게 똑같은 값이 되지는 않는다는 입장을 취하는 것이다.

살짝 다른 이야기를 해 보겠다. $\frac{1}{9}=0.111\cdots$의 양변에 9를 곱하면 $1=0.999\cdots$라는 식을 얻을 수 있다.

이 역시 수학적 입장으로 보면 인정되는 옳은 식이지만, 왠지 의아하게 생각하는 분들도 있을 것이다. 이미 당신은 무한급수 계산에서 n을 무한으로 했을 경우 어떻게 될지를 생각할 수 있게 되었으니 이 이야기는 뒤에서 다루도록 하겠다.

마지막으로 특징적인 무한급수를 몇 가지 소개하겠다. 다음 그림은 무한급수가 하나의 값으로 수렴하는 모습을 그림으로 이해할 수 있게 그려 본 예시다. 이 그림에서 보면 더하는 값이 점점 작아지는 경우, 무한급수의 값이 하나의 값으로 수렴할 수도 있겠다는 사실이 이해된다.

무한급수 중에는 다음의 예시 1번처럼 더하는 값이 점점 작아져서 정답이 무한대로 발산하는 경우나 수렴하는 경우라도 예시 2번처럼 그 답에 신기한 값이 나타날 때가 있다.

$$\frac{1}{2} + \frac{1}{4} + \frac{1}{8} + \frac{1}{16} + \cdots + \frac{1}{2^n} + \cdots = 1$$

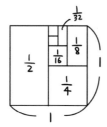

한 변의 길이가 1인 정사각형이 있는데,
위의 식을 그 정사각형 넓이의 $\frac{1}{2}$, $\frac{1}{4}$, $\cdots$로
계속 더해서 살펴보자.
덧셈의 결과가 정사각형 넓이 1에
점점 가까워지는 모습을 알 수 있다.

예시 1

$$1 + \frac{1}{2} + \frac{1}{3} + \frac{1}{4} + \frac{1}{5} + \cdots + \frac{1}{n} + \cdots = \infty$$

이 무한급수의 답은
무한으로 커진다!

예시 2

$$1 + \frac{1}{2^2} + \frac{1}{3^2} + \frac{1}{4^2} + \frac{1}{5^2} + \cdots + \frac{1}{n^2} + \cdots = \frac{\pi^2}{6}$$

분모가 자연수의 제곱

$$1 + \frac{1}{3^2} + \frac{1}{5^2} + \frac{1}{7^2} + \frac{1}{9^2} + \cdots + \frac{1}{(2n-1)^2} + \cdots = \frac{\pi^2}{8}$$

분모가 홀수의 제곱

$$1 - \frac{1}{3} + \frac{1}{5} - \frac{1}{7} + \frac{1}{9} - \cdots + (-1)^{n+1}\frac{1}{2n-1} + \cdots = \frac{\pi}{4}$$

분모가 홀수

예시 2번 식을 보면, 원과는 아무런 관계가 없는 형태를 띠고 있는데도 이들 무한급수는 일정한 값에 가까워질 뿐만 아니라 그 값에는 원주율 π가 포함되어 있는 것이다!

무한 속에 잠들어 있는 색다른 신비를 느낄 수 있지 않는가?

주술회전에 등장하는 인물 중에서 고죠 사토루는 무하한 주술에 대해 "수렴하는 무한급수와 비슷한 건데, 나에게 접근하는 자는 점점 느려지다가 결국엔 도달하지 못하게 되지."라고 설명했다. 이는 그림 '정사각형과 무한급수'처럼 더해지는 값이 점점 작아져 수렴하는 느낌일까? 그리고 자신의 기술에 대해 "아킬레우스와 거북이야."라고도 말했는데, 상대의 기술이 자신에게 도달하지 못하는 것을 아킬레우스가 거북이를 따라잡지 못하는 모습에 비유했던 것일까? 고죠 선생은 속도에 관해서는 수학적 무한 입장, 거리에 관해서는 철학적 입장으로 상황을 다룰 수 있는 걸까? 막연히 이런 생각을 해 보았다.

[부록] 수학적으로 계산했을 때, 아킬레우스가 거북이를 언제 따라잡을까?

아킬레우스가 1분에 100m, 거북이가 그보다 $\frac{1}{10}$ 인 1분에 10m를 달릴 수 있다고 하면, 아래와 같이 아킬레우스는 111.111⋯m 지점에서 거북이를 따라잡을 수 있다.

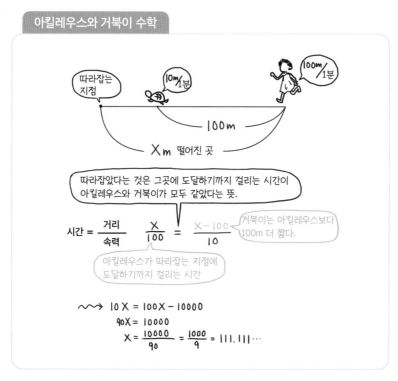

아킬레우스와 거북이 수학

따라잡는 지점

10m/1분

100m/1분

100m

X m 떨어진 곳

따라잡았다는 것은 그곳에 도달하기까지 걸리는 시간이 아킬레우스와 거북이가 모두 같았다는 뜻.

$$시간 = \frac{거리}{속력} \qquad \frac{X}{100} = \frac{X-100}{10}$$

거북이는 아킬레우스보다 100m 더 짧다.

아킬레우스가 따라잡는 지점에 도달하기까지 걸리는 시간

$$10X = 100X - 10000$$
$$90X = 10000$$
$$X = \frac{10000}{90} = \frac{1000}{9} = 111.111⋯$$

사카이 유키코

모든 것은 매듭으로 이루어져 있다?

앞서 매듭과 관련 있는 이야기를 몇 가지 소개했는데, 매듭 이론이 시작된 배경에도 조금 흥미로운 에피소드가 있다.

19세기 후반에 영국의 물리학자 윌리엄 톰슨은 '원자란 (빛을 전달하기 위한 매질로서 필요하다고 생각했던) 에테르 속의 소용돌이 실이 매듭을 만들어 생긴 것'이라는 가설을 세워 '소용돌이 원자 이론'을 제창했다.

다시 말해 세상의 모든 것은 매듭으로 이루어져 있는데, 예를 들어 단순한 고리(자명한 매듭)는 수소이고, 세잎 매듭은 탄소, 8자 매듭은 산소라는 식으로 각 매듭이 서로 다른 원자에 대응한다고 생각한 것이다(윌리엄 톰슨이라는 이름보다는 절대 온도 단위로 머리글자 K를 따온 켈빈 남작이 더 친숙할지도 모르겠다).

켈빈 경의 친구인 영국의 수학자이자 물리학자인 피터 테이트는 매듭을 분류하기 시작했다. 정말 신이 났을 거다. 소용돌이 원자 이론을 믿는 그들에게 매듭 리스트를 만드는 것은 주기율표를 만드는 것이나 다름없었으니 말이다.

그 후 테이트와 미국의 수학자 찰스 리틀은 각각 독립적으로 10개 교점까지의 매듭 리스트를 만들었다. 하지만 그 당시에는 매듭을 수학적으로 구별하는 방법이 확립되어 있지 않아서 '페르코 쌍'이라는 유명한 매듭 한 쌍과 관련된 에피소드로 이어진다.

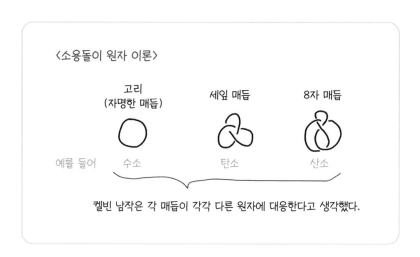

〈소용돌이 원자 이론〉

고리
(자명한 매듭)

세잎 매듭

8자 매듭

예를 들어　　　수소　　　　　　탄소　　　　　　산소

켈빈 남작은 각 매듭이 각각 다른 원자에 대응한다고 생각했다.

한쪽 매듭에서 다른 쪽 매듭으로 변형하고자 애를 써 봤지만 잘 되지 않을 때, 두 매듭은 아예 다르다면서 '분명히 다른 매듭이야'라거나 '하루 종일 해 봤는데 변형이 안 됐어'라고 결론을 내리고 싶은 마음은 알겠다. 하지만 다른 매듭인지 아닌지 판정을 내리는 것에는 고달픈 과거가 있다. 미국의 변호사 케네스 페르코가 75년 동안이나 다른 매듭이라고 믿었던 2개의(10개 교점의) 매듭이 사실은 같은 매듭이었다는 사실을 발견한 것이다.

　그림의 변형을 보면 2개가 같은 매듭이라는 사실을 알 수 있을 것이다.

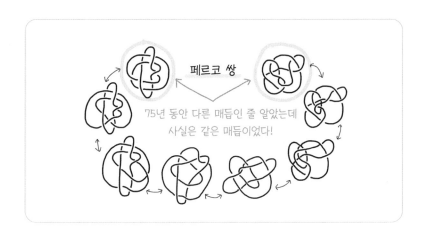

페르코 쌍

'75년 동안 다른 매듭인 줄 알았는데
사실은 같은 매듭이었다!

이처럼 매듭 리스트를 힘들여 만들어도 사실은 같은 매듭을 다른 매듭으로 중복해서 세지는 않았는지 확신할 수 없으면 곤란하다.

이렇게 매듭 이론 연구자들이 매듭을 구별하기 위해 다양한 '불변량'이라는 것을 개발하면서 매듭 이론이 발전되었다.

매듭의 불변량은 같은 매듭에 같은 값을 주기 때문에 만약 각 매듭으로 얻을 수 있는 값이 다른 경우에는 다른 매듭이라고 단언할 수 있다(하지만 그 반대는 반드시 성립한다고 볼 수 없다. 다른 매듭에 대한 불변량의 값이 우연히 같은 경우도 있을 수 있기 때문에 불변량이 같다고 해서 반드시 같은 매듭이라고 단언할 수는 없다는 사실에 주의해야 한다).

여기서는 매듭의 대표적인 불변량인 '존스 다항식'을 소개하겠다. 오른손 타입과 왼손 타입의 세잎 매듭은 각각 존스 다항식이 다르다는 이유에서 다른 매듭이라고 단언할 수 있다.

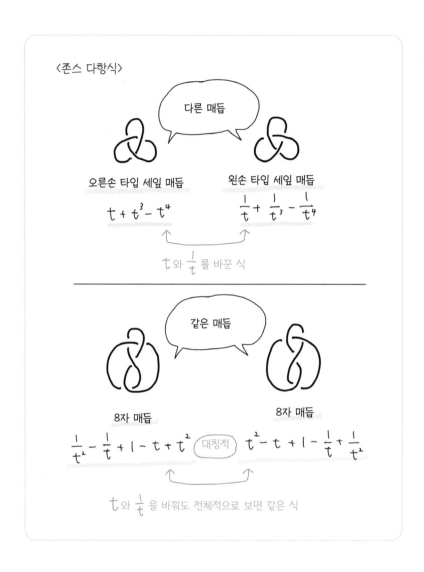

〈존스 다항식〉

다른 매듭

오른손 타입 세잎 매듭

왼손 타입 세잎 매듭

$t + t^3 - t^4$

$\frac{1}{t} + \frac{1}{t^3} - \frac{1}{t^4}$

t와 $\frac{1}{t}$ 를 바꾼 식

같은 매듭

8자 매듭

8자 매듭

$\frac{1}{t^2} - \frac{1}{t} + 1 - t + t^2$ 대칭적 $t^2 - t + 1 - \frac{1}{t} + \frac{1}{t^2}$

t와 $\frac{1}{t}$ 을 바꿔도 전체적으로 보면 같은 식

흐물흐물하고 부드러워 여러 가지 모양으로 변형되는 매듭에 대해 유일무이한 다항식을 대응시켜 2개의 매듭이 다르다는 사실을 수학으로 나타낼 수 있다니! 그렇게 처음 존스 다항식을 계산하고 나서 무척

감동했던 기억이 있다.

게다가 흥미롭게도 서로 거울상 관계에 있는 매듭의 존스 다항식은
t와 $\frac{1}{t}$을 서로 바꿨다는 사실도 알 수 있다. 예를 들어 '8자 매듭'은 거
울상끼리 같은 매듭이지만, 8자 매듭의 존스 다항식을 계산해 보면 t와
$\frac{1}{t}$을 바꿔도 전체적으로 동일한 식이 된다는 사실을 알 수 있다.

물론 우리가 아는 대로 '모든 것은 매듭으로 이루어져 있다'라는 켈빈
경의 예상은 결과적으로 틀렸지만, 이러한 흐름 속에서 매듭 이론은 주
목받았고 다양한 분야와 얽히면서 오늘날에도 활발한 연구가 이루어지
고 있다.

오야마구치 나쓰미

STORY 14 술 한잔과 스포츠, 그리고 수학

[랜덤 워크]

즐겁게 술을 마시다 보면 종종 다리가 휘청거린다. 이번에는 술에 취해 다리가 풀려 비틀비틀 걷는 모습과 꼭 닮은, 취보(랜덤 워크)라는 수학 이야기다.

당신은 무슨 생각을 하며 스포츠 경기를 관람하는가? 좋아하는 음료를 한 손에 들고 경기를 보며 시합 내용에 일희일비하고 심장이 쿵쾅대는 스릴을 맛보는 시간, 그 무엇과도 바꿀 수 없는 귀중한 시간이다. '지금 타이밍에 선수를 교체해야지!'라며 마치 자신이 감독이라도 된 듯한 기분을 만끽하는 사람도 있을 것이다.

축구에서 득점할 때 공이 움직여 골대를 향해 가는 모습과 술에 취한 사람이 목표물로 걸어가는 모습을 대응시켜 생각해 보자. 여기서는 랜덤 워크를 사용해서 직접 감독이 되어 팀을 강화하는 방법과 선수 교체 타이밍에 대해 생각해 보려고 한다.

그림과 같이 중앙선(센터 라인)에서 축구 골대까지 각각 4등분해서 체크 라인을 만든다. 예를 들어 A팀과 B팀의 시합에서 축구공이 나아가는 모습을 중앙선에서 수직선의 체크 라인 위로 움직이는 모습과 대응시켜 생각해 보자.

어느 쪽 골대에 가까워지는지에 대해 'A가 골대 방향으로 움직일 확률을 $\frac{2}{3}$, B가 골대 방향으로 움직일 확률을 $\frac{1}{3}$'로 놓아 보자. 이때 체크 라인마다 A 골대에 가까워지는지 B 골대에 가까워지는지를 $\frac{2}{3}$ 대 $\frac{1}{3}$ (=2 대 1)로 두면, 중앙선에서 공을 출발시켜 A 또는 B가 골을 넣을 확률(비율)은 어떻게 될까?

이 확률을 구하기 위해 삼항간 점화식을 쓰려고 한다. 삼항간 점화식이라고? 머릿속에 물음표가 떴다면 건너뛰기 바란다. 고등학교 범위에

서는 수열 단원에서 나왔던 점화식이다. 자세한 내용은 점화식 그림을
보며 파악해 보자.

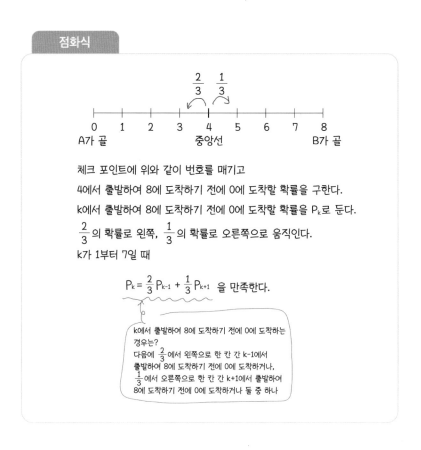

점화식

체크 포인트에 위와 같이 번호를 매기고
4에서 출발하여 8에 도착하기 전에 0에 도착할 확률을 구한다.
k에서 출발하여 8에 도착하기 전에 0에 도착할 확률을 P_k로 둔다.
$\frac{2}{3}$의 확률로 왼쪽, $\frac{1}{3}$의 확률로 오른쪽으로 움직인다.
k가 1부터 7일 때

$$P_k = \frac{2}{3} P_{k-1} + \frac{1}{3} P_{k+1} \text{ 을 만족한다.}$$

k에서 출발하여 8에 도착하기 전에 0에 도착하는
경우는?
다음에 $\frac{2}{3}$에서 왼쪽으로 한 칸 간 k-1에서
출발하여 8에 도착하기 전에 0에 도착하거나,
$\frac{1}{3}$에서 오른쪽으로 한 칸 간 k+1에서 출발하여
8에 도착하기 전에 0에 도착하거나 둘 중 하나

이렇게 계산하면 A팀이 $\frac{16}{17}$ 확률로 골을 넣고, B팀이 $\frac{1}{17}$ 확률로 골
을 넣는다는 걸 알 수 있다. 어떠한가. 각각 체크 포인트에서는 2:1로 진
행하지만, 골까지 생각하면 16대 1인 A팀이 압도적으로 강하다는 걸
알 수 있다.

$P_0 = 1$ (0에서 출발해서 8에 도착하기 전에 이미 0에 도착했으므로)

$P_8 = 0$ (8에서 출발해서 8에 도착하기 전에 0에 도착할 수 없으므로)

이걸 풀면

$$P_k = \frac{2^k - 2^8}{1 - 2^8}$$

$$P_4 = \frac{2^4 - 2^8}{1 - 2^8} = \frac{16}{17}$$

중앙선 4에서 출발하여 A가 골을 넣을 확률이 $\frac{16}{17}$ 이라는 걸 알 수 있다.

한편, B가 골을 넣을 확률은 $\frac{1}{17}$ 이다.

이번에는 당신이 B팀의 감독이라고 가정해 보자. 이대로 있다가는 압도적으로 A에게 패할 테니 체크 포인트에 있는 선수들을 강화해서(혹은 교체해서) 골대에 가까워질 확률을 높이려고 한다. 그럼 이번에는 조건을 바꿔 'B가 골대 방향으로 $\frac{2}{3}$, A가 골대 방향으로 $\frac{1}{3}$'로 체크 포인트 딱 한 군데만 강화할 수 있다고 하자.

모든 선수를 강화할 수 있으면 참 좋겠지만, 교체할 수 있는 선수도 한정되어 있으니 어느 한 체크 포인트만 강화하는 경우를 생각한다. 이 때 어느 체크 포인트에서 선수 교체를 하면 좋을까? '전술1 : A가 골을 넣기 직전에 수비수를 교체한다'와 '전술2 : 미드필더를 교체한다', 이렇게 2가지 전술에 대해 생각해 보자.

당신은 어느 전술을 취할 것인가?

109

[전술1 : A가 골을 넣기 직전에 수비 강화]

이 경우에는 중앙선에서 A가 골을 넣을 확률이 $\dfrac{40}{43}$, B가 골을 넣을 확률이 $\dfrac{3}{43}$이 나온다. B가 골을 넣을 확률이 $\dfrac{3}{43}=0.0697\cdots$, 강화하기 전에 중앙선에서 B가 골을 넣을 확률이 $\dfrac{1}{17}=0.0588\cdots$이었으므로 $0.01=1\%$ 정도 골을 넣을 확률이 올라갔다.

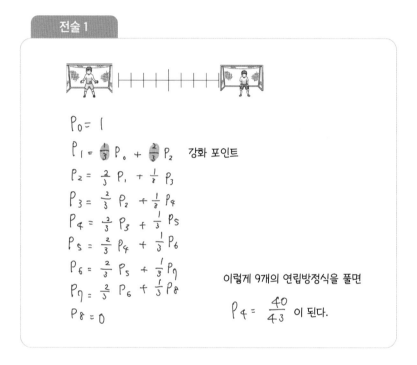

전술 1

$P_0 = 1$

$P_1 = \dfrac{1}{3} P_0 + \dfrac{2}{3} P_2$ 강화 포인트

$P_2 = \dfrac{2}{3} P_1 + \dfrac{1}{8} P_3$

$P_3 = \dfrac{2}{3} P_2 + \dfrac{1}{8} P_4$

$P_4 = \dfrac{2}{3} P_3 + \dfrac{1}{3} P_5$

$P_5 = \dfrac{2}{3} P_4 + \dfrac{1}{3} P_6$

$P_6 = \dfrac{2}{3} P_5 + \dfrac{1}{3} P_7$

$P_7 = \dfrac{2}{3} P_6 + \dfrac{1}{3} P_8$

$P_8 = 0$

이렇게 9개의 연립방정식을 풀면

$P_4 = \dfrac{40}{43}$ 이 된다.

꽤 많이 강화될 줄 알았는데 예상보다 골을 넣을 확률이 낮아 보이는 느낌이다. 그렇다면 이번엔 다른 전술에 대해 생각해 보자.

[전술2 : 중앙선 강화]

중앙선에서 A가 골을 넣을 확률이 $\frac{4}{5}$, B가 골을 넣을 확률이 $\frac{1}{5}$이다. 강화하기 전에 중앙선에서 B가 골을 넣을 확률이 $\frac{1}{17}=0.0588\cdots$이었으므로, 강화를 하면 $\frac{1}{5}=0.2$로 확률이 올라간다. 6% 정도였던 확률이 20%로 올라가는 것이다. 참고로 중앙선 강화가 잘되어 'B가 골대 방향으로 $\frac{9}{10}$, A가 골대 방향으로 $\frac{1}{10}$'이라는 확률이 나왔을 때(그 이외의 장소는 A가 골대 방향으로 $\frac{2}{3}$, B가 골대 방향으로 $\frac{1}{3}$일 때), 중앙선에서 B가 골을 넣을 확률은 $\frac{9}{17}$이 되어 A보다 골을 넣을 확률이 높아진다.

P_k : k에서 출발해서 8에 도착하기 전에 0에 도착할 확률

강화하지 않은 곳에서는 $\frac{2}{3}$의 확률로 왼쪽으로,

$\frac{1}{3}$의 확률로 오른쪽으로 공이 움직인다.

$$P_0 = 1 \quad , \quad P_8 = 0$$

강화되지 않은 부분 k에 대해서는

$$P_k = \frac{2}{3}P_{k-1} + \frac{1}{8}P_{k+1}$$

강화되어 있는 부분 k에 대해서는

$$P_k = \frac{1}{3}P_{k-1} + \frac{2}{3}P_{k+1}$$ 가 된다.

강화한 곳 k에서 출발해서 8에 도착하기 전에 0에 도착하는 경우는, 다음에 $\frac{1}{3}$에서 왼쪽으로 한 칸 간 k-1에서 출발하여 8에 도착하기 전에 0에 도착하거나, $\frac{2}{3}$에서 오른쪽으로 한 칸 간 k+1에서 출발하여 8에 도착하기 전에 0에 도착하거나 둘 중 하나

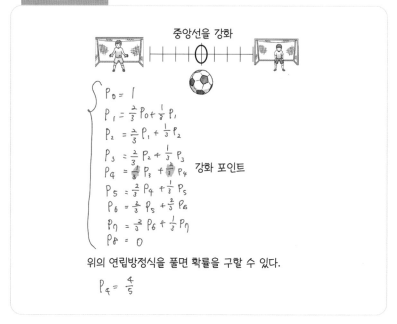

중앙선을 강화

$$\begin{cases} P_0 = 1 \\ P_1 = \frac{2}{3}P_0 + \frac{1}{3}P_1 \\ P_2 = \frac{2}{3}P_1 + \frac{1}{3}P_2 \\ P_3 = \frac{2}{3}P_2 + \frac{1}{3}P_3 \\ P_4 = \frac{2}{3}P_3 + \frac{1}{3}P_4 \\ P_5 = \frac{2}{3}P_4 + \frac{1}{3}P_5 \\ P_6 = \frac{2}{3}P_5 + \frac{2}{3}P_6 \\ P_7 = \frac{2}{3}P_6 + \frac{1}{3}P_7 \\ P_8 = 0 \end{cases}$$

강화 포인트

위의 연립방정식을 풀면 확률을 구할 수 있다.

$$P_4 = \frac{4}{5}$$

연립방정식이 9개나 나오다 보니 계산하기 어렵게 느끼는 분들도 당연히 있을 것이다. 그러나 의지만 있으면 해낼 수 있고, 아니면 최근에는 엑셀이나 울프럼 알파Wolfram Alpha(계산용 프로그램인 매스매티카의 개발자이자 물리학자 스티븐 울프럼이 만든 검색 엔진)도 연립방정식을 쉽게 계산할 수 있다. 한 손에 술을 들고 취보를 써서 응원하는 팀을 강화하는 방법을 궁리해 보자. 스포츠 관람이 훨씬 더 즐거워지지 않을까?

다케무라 도모코

STORY 15 세상에서 가장 아름다운 채소의 비밀

[프랙털]

세상에서 가장 아름다운 채소로 손꼽히는 로마네스코.

콜리플라워의 일종으로 마치 황록색 소용돌이가 치는 듯한 모양이 인상 깊다. 여기서는 로마네스코의 특징적인 모양에 어떤 비밀이 숨어 있는지 살펴보려고 한다.

로마네스코에서 송이를 하나 떼어내 보면 처음에 봤던 로마네스코의 전체 모양과 꼭 닮았다는 걸 알 수 있다. 여기서 그치지 않고 이 작은 로마네스크 한 송이를 또 떼어내 보면 역시나 큰 로마네스코의 모양과 꼭 닮았다.

이처럼 전체와 부분이 닮은꼴(모양이 같고 크기가 다름) 관계에 있는 특징을 '자기 유사성'이라고 하며 양치식물의 잎이나 나뭇가지, 리아스식 해안이나 구름 모양 등 자연계 곳곳에서 발견할 수 있다.

20세기 초반에 영국의 수학자이자 기상학자인 리처드슨은 국경을 경계로 인접한 두 나라에서 발표한 국경선의 길이가 다르다는 사실을 알아챘다. 예컨대 스페인과 포르투갈을 구분 짓는 국경선은 분명 같을 텐

113

데 스페인 쪽은 987㎞, 포르투갈 쪽은 1,214㎞로 다른 값을 주장했던 것이다. 왜 이런 일이 생긴 것일까?

사실 이는 사용하는 지도의 축척에 따라 국경선의 측량값이 다르기 때문에 생기는 차이다.

국경선이나 해안선은 어떤 도구로 그 길이를 재든지 상관없이 축척을 크게 한 지도를 써서 측량하면 확대가 되기 때문에 더 세세한 부분까지 보인다. 그렇게 새로 보이게 된 울퉁불퉁한 지형을 따라서 재니까 길이가 더 길어지는 것이다. 이것을 '해안선의 패러독스'라고 한다.

예를 들어 미국 CIA의 The World Factbook에는 일본의 해안선 길이가 29,751㎞로 등재되어 있는데, 일본의 국토교통부가 기재한 해안 통계는 35,278㎞다(2023년 8월 기준). 국경선이나 해안선을 비교할 때는 같은 축척으로 잰 측량값을 사용해야 한다.

프랑스의 수학자 망델브로는 IBM 연구소에서 면화(목화의 종자 모섬

유-역자)의 가격 변동을 알아보던 중에 가격 변동 그래프가 자기 유사성을 떤다는 사실을 알아채고 이러한 특징을 일반화해서 '프랙털'이라고 명명했다.

스웨덴의 수학자 코흐가 만들어 낸 '코흐 곡선'은 대표적인 프랙털 도형이다. 코흐 곡선은 '선분의 길이를 3등분하고 가운데에 있는 선을 한 변으로 하는 정삼각형을 그린 다음 원래 있던 한 변을 지우고 새로 그린 두 변으로 대체한다'라는 작업을 완성된 변에도 똑같이 반복하여 얻을 수 있다. 아래 그림은 처음에 있던 선분에 작업을 3번 반복한 모습이다. 이런 작업을 반복하는 과정에서 선이 점점 복잡해지는 것이 보이는가?

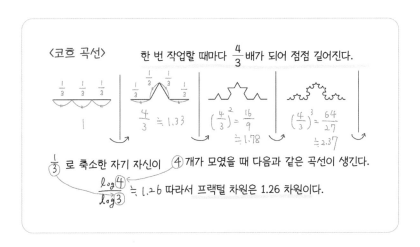

여기서 코흐 곡선의 길이를 생각해 보자.

115

처음에 있던 선분의 길이를 1이라고 했을 때, 삼등분한 변의 가운데 한 변이 줄어들고, 그 부분을 $\frac{1}{3}$ 길이의 변이 2개 대체되므로 작업을 한 후의 길이는 $\frac{4}{3}$가 된다. 매번 작업을 할 때 각 선분의 길이가 $\frac{4}{3}$배 가 되므로 코흐 곡선을 전체적으로 봐도 $\frac{4}{3}$배 더 길어진다.

이렇게 1보다 큰 수를 곱하기 때문에 이 작업을 반복하면 코흐 곡선의 길이는 무한히 길어진다는 걸 알 수 있다. 양쪽 끝은 고정되어 있어 그 끝이 잘 보이는데도 그 사이의 길이가 무한대로 길어진다니, 정말 신기한 곡선이다.

인간의 체내에서도 혈관의 분기 구조나 대장 내벽 등은 프랙털 구조를 이용함으로써 부피에 한계가 있는 체내에서 길이나 표면적을 효율적으로 늘린다(물론 자연계에서는 무한히 이어지는 자기 닮음이 성립하지 않기 때문에 코흐 곡선처럼 엄밀한 프랙털은 아니다).

게다가 그 복잡한 프랙털 구조를 수치화할 수 있는 '프랙털 차원'이라는 것이 정의되어 있는데, 다양한 분야를 연구할 때 이용되고 있다니 정말 흥미롭다. 코흐 곡선의 프랙털 차원은 1.26으로 계산할 수 있는데, 정수값이 아닌 차원이라니 상당히 놀랍지 않은가?

예를 들어 의료 분야에서는 종양의 양성과 악성, 암의 이형도 추정에 프랙털 차원을 사용한다. 대장 내벽에서 양성 종양의 프랙털 차원은 평균이 1.38 정도인데, 암은 1.50 이상이라는 보고가 있다.

또한 어느 슈퍼 사이언스 하이스쿨에서는 고등학생이 온갖 만화에 대한 도안의 프랙털 차원을 계산함으로써 이야기의 기승전결과 함께 도안이 얼마나 복잡하게 변화해 가는지를 조사하는 연구도 이루어지고 있다.

로마네스코가 다 삶아졌으니 한번 먹어보자. 그러고 보니 로마네스코의 나선에도 피보나치 수가 숨어 있으니 먹을 때 나선의 개수를 한번 세어 보는 건 어떨까?

오야마구치 나쓰미

줄을 설 때, 생각해 본 적 있나요?

은행 ATM이나 테마파크 티켓 판매 부스처럼 창구가 여러 개 있는 곳에 줄을 선 경험은 누구나 해 봤을 것이다. 은행 ATM 코너에 줄을 섰다고 상상해 보자. ATM 몇 개를 두고 일렬로 줄을 길게 서서 맨 앞에 있는 사람부터 차례대로 빈 ATM을 이용하는 방법이 있고, 각 ATM 기기마다 줄을 따로 서는 방법이 있다. 요즘 은행에서는 첫 번째 방법을 자주 쓰는 것 같다. ATM이 많은 곳이나 테마파크에서는 중간까지 일렬로 섰다가 나중에 찢어지는 경우도 본 적이 있다.

그냥 줄 서는 게 다 똑같지 큰 차이가 있을까? 그렇게 생각하는 사람들도 물론 있겠다. 하지만 사실은 큰 차이가 있다.

그림에서 A 방법은 순서대로 줄을 서기만 하면 되니까 제일 뒤에 서서 줄이 줄어들기만 기다리면 된다. B 방법은 '어디가 제일 빨리 줄어들까?'를 생각하며 어느 줄에 설지를 따지며 골라야 한다. 과연 어떤 차이가 있는지 자세히 살펴보도록 하자.

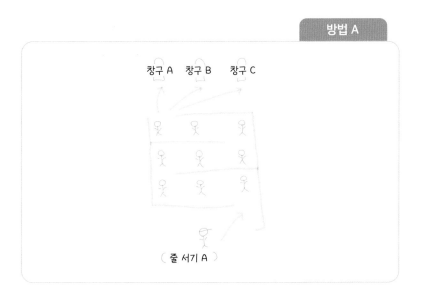

(줄 서기 A)

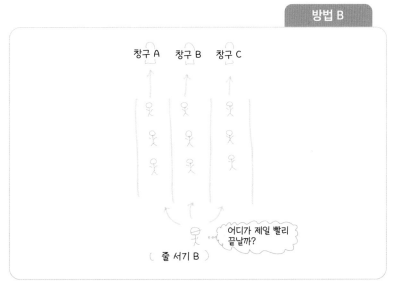

(줄 서기 B)

먼저 방법 B부터 알아보자.

창구마다 줄을 선 사람들이 각각 옆에 적힌 시간만큼 창구에서 볼일을 봤다면, 창구 A열은 6분, 창구 B열은 8분, 창구 C열은 4분 기다려서 창구에 도달하게 된다. 물론 창구에 도착할 때까지 앞사람의 일이 얼마나 걸릴지는 알 수 없다. 줄을 서 있는 동안 '옆줄에 설 걸', '쭉쭉 빠지네. 앗싸~'라고 생각하는 사람도 있을 것이다.

방법 B는 어떤 줄에 서는지에 따라 기다리는 시간이 달라진다. 이 경우에는 6분, 8분, 4분이므로 평균 6분 동안 줄을 서는 셈이다.

그럼 방법 A는 어떨까? 이번에는 도착하는 순서대로 줄의 맨 끝에 섰다.

제일 앞에 선 사람부터 차례대로 창구가 비면 빠지기 때문에 다음과 같은 그림을 사용해서 몇 분을 기다리게 될지 생각해 보자.

가로로 시간축을 그려서 창구가 빈 순서대로 앞사람이 창구를 이용하는 모습을 그림으로 나타내 보면, 제일 뒤에 줄을 선 사람은 5분 기다린 후 빈 창구를 이용할 수 있었다. 방법 B와 비교해 보면 방법 B의 평균 대기 시간 6분보다 빠르다는 걸 알 수 있다.

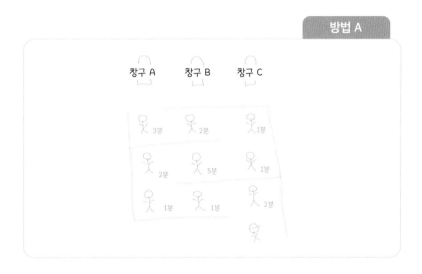

방법 A

방법 A 대기 시간

방법 A가 더 효율적이고도 공평하게 줄 서는 방법이라는 게 느껴질 것이다. 대기 시간의 효율을 비교할 때 평균이라는 말을 사용했는데, 이렇게 평균을 비교해서 수치로 효율을 나타낼 수 있다는 점이 수학의 장점이다.

평균뿐만 아니라 분산이라고 해서 데이터가 얼마나 흩어져 있는지 나타내는 지표도 있다. 같은 평균값이라도 값을 취하는 방법은 다양하기 때문에 평균에서 얼마나 떨어져 있는지를 수치로 나타낸 것이다.

예를 들어 방법 B의 창구를 떠올려 보자. 방법 B에서는 창구마다 따로 줄을 서면 6분, 8분, 4분이라는 대기 시간이 발생했고, 평균으로 계산하면 6분을 기다려야 했다. 똑같은 평균 6분이라도 6분, 6분, 6분일 때가 있는가 하면 12분, 2분, 4분일 때도 있다. 각각 평균은 6분으로 똑같지만 그 내용은 다르다는 걸 바로 알 수 있다. 각각 분산을 계산해 보면 오른쪽과 같다.

결론은 분산의 크기에 따라 평균에서 얼마나 흩어져 있는지 알 수 있다. 평균 대기 시간이 똑같아도 분산이 크면 평균보다 더 길게 기다리는 사람과 생각보다 많이 기다리지 않고 빨리 일을 끝내는 사람이 둘 다 있다는 뜻이 된다. 똑같은 평균이지만 분산을 알면 불평불만이 나올 가능성(창구에 따라 대기 시간이 달랐다는 민원이 들어온다)이 얼마나 될지도 볼 수 있는 것이다.

평균과의 차를 제곱한 평균

6분, 8분, 4분의 분산은

$$\frac{(6-6)^2 + (8-6)^2 + (4-6)^2}{3} = \frac{8}{3}$$

6분, 6분, 6분의 분산은

$$\frac{(6-6)^2 + (6-6)^2 + (6-6)^2}{3} = 0$$

12분, 2분, 4분의 분산은

$$\frac{(12-6)^2 + (2-6)^2 + (4-6)^2}{3} = \frac{56}{3}$$

그리고 편포도나 첨도라고 해서 평균 중에서도 어느 쪽으로 더 넓게 퍼져 있는지, 또는 얼마나 뾰족한지 보는 지표도 있다. 익숙지 않은 지표라도 무언가를 비교할 때 도움이 되기도 한다. 하지만 대기 시간이 길어질 때 이런 방법들을 따지다 보면 괜히 더 짜증만 날지도 모르니 주의하자!

다케무라 도모코

123

STORY 17 코로나 시대의 화제어, '지수함수적'

[지수함수]

천연두, 흑사병…. 인류는 지금까지 몇 번이나 전염병에 맞서 싸워 왔다. 하지만 설마 내가 살고 있는 현대에 미지의 바이러스로 인해 일상이 위협받는 날이 올 줄은 꿈에도 상상하지 못했다.

신종 코로나바이러스가 맹위를 떨치기 시작했을 무렵, 나는 많은 해설자가 썼던 그 단어가 마음에 걸렸다.

'지수함수적으로 늘어난다.'

어느 정도 수학을 공부했던 이과 출신들에게는 문제가 없겠지만, 문과였던 사람들에게도 이 말이 통할까? 해설자들은 대부분 감염자 수의 그래프가 화면에 나올 때 이 표현을 썼기 때문에 '시간이 지나면 지날수록 폭발적으로 늘어나는 곡선'이 왠지 '지수함수적으로 늘어난다'는 걸 나타내는 것이 아닐까 추측할 수도 있다. 하지만 지수함수는 늘어날 뿐만 아니라 줄어드는 경우도 있다.

코로나 관련 뉴스에서는 감염자가 늘어날 때 대대적으로 보도했고, 감염자가 줄어들면 화제가 규제 완화로 옮겨가기 때문에 '지수함수적으로 줄어든다'라는 말은 들어본 적이 거의 없다. 그래도 감염자의 증가나 감소와 깊이 연관이 있는 개념인 '실효 재생산 수'에 대해서는 여러 번 들어봤을 것이다.

여기서는 지수함수란 어떤 것인지, 그리고 실효 재생산 수라는 말이 지수함수와 어떤 관련이 있는지 소개하려고 한다.

지수함수란 무슨 뜻일까?

먼저 어떤 세균이 1분마다 2개의 세균으로 분열하는 모습을 떠올려 보자. 처음에는 1개였던 세균이 1분 후에는 2개, 2분 후에는 4개, 3분 후에는 8개로 분열하는 모습을 상상할 수 있을 것이다.

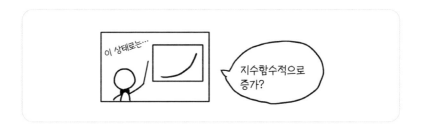

그럼 다음으로 어떤 세균이 1분마다 3개로 분열한다고 하자. 이번에는 1개였던 세균이 1분 후에는 3개, 2분 후에는 3×3이니까 9개, 3분 후에는 3×3×3이니까 27개(갑자기 많아진다!)로 분열한다. 따라서 이들 모습을 표 하나에 점으로 찍으면 2개보다 3개로 분열할 때 훨씬 더 경사가 급한 곡선이 나타나게 된다.

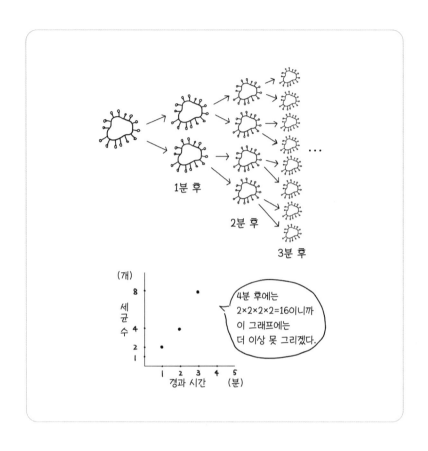

세균 분열을 예로 들었는데, 이번에는 1년 후에 높이가 2배로 자라는 나무를 상상해 보자(처음에 이 나무의 높이는 1m이다). 그러면 1년 후에는 2m, 2년 후에는 4m, 3년 후에는 8m가 되므로 ○년 후 나무의 높이는 앞에서 나온 그림과 마찬가지로 점으로 표시할 수 있고, 그 점의 모습은 세균 분열의 예와 완전히 똑같다.

단, 이번 경우는 1년 후에 갑자기 2배가 되는 것이 아니라 천천히 높아지므로 끊기 좋은 1년 후뿐 아니라 반년 후의 높이도 생각할 수 있다.

따라서 ○년 후에 나무의 높이는 점이 아니라 아래 그림처럼 곡선으로 나타낼 수 있는 것이다.

이 ○년 후에서 ○를 x, ○년 후의 나무 높이를 y로 놓으면 이 x와 y의 관계는 $y = 2^x$라는 식으로 나타낼 수 있다. 식을 너무 자세히 해설할 생각은 없지만, 이 식은 2×2×2가 8이 되는 것을 $2^3 = 8$로 쓰는 것과 마찬가지로 2를 x번 곱하면 y가 된다는 뜻이다. 게다가 이 x는 나무 높이로 설명했듯이 정수일 필요는 없고 실수면 된다.

이처럼 어떤 숫자 ○의 x제곱으로 나타내는 함수를 '○를 밑으로 하는 지수함수'라고 말한다. 즉, 같은 수를 여러 번 곱하면 어떻게 될지 알 수 있는 식이다.

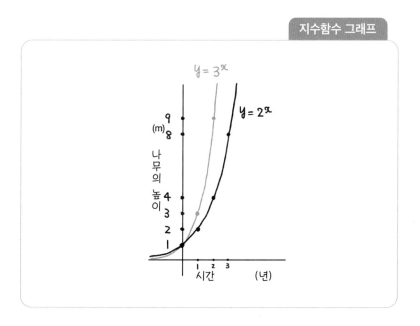

지수함수 그래프

127

지금까지 살펴본 예에서 알 수 있듯이, 지수함수란 ○ 부분의 숫자가 바뀌면 곡선의 기울기가 달라진다. 특히 ○ 부분의 숫자가 커지면 이 곡선의 경사는 점점 급해진다. 참고로 처음에 예로 든 세균 분열 수는 앞서 나온 그래프의 가로축이 정수인 부분을 보면 알 수 있다. 따라서 지수함수 그래프로 세균의 분열 수 역시 예측할 수 있는 것이다.

여기까지 ○가 2와 3인 경우의 이야기를 했는데, ○가 1보다 작은 양수일 때는 어떻게 될까(지수함수에서는 음수가 밑이 되는 경우가 없다)?

예를 들어 어떤 공기청정기를 가동하면 1시간에 그 방의 바이러스 양을 절반으로 줄일 수 있다고 하자. 1시간에 바이러스의 양이 원래 양의 $\frac{1}{2}$이 되는 셈이다. 이 공기청정기를 몇 시간 동안 돌렸을 때, 그 방의 바이러스 양은 어떻게 될까?

바이러스가 절반으로

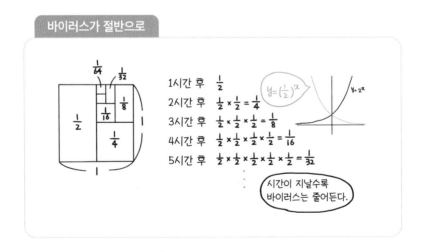

1시간 후에 $\frac{1}{2}$, 2시간 후에는 $\frac{1}{2} \times \frac{1}{2}$ 이니까 $\frac{1}{4}$, 3시간 후에는 $\frac{1}{2} \times$ $\frac{1}{2} \times \frac{1}{2}$ 이니까 원래 바이러스 양의 $\frac{1}{8}$ 이 된다.

이 예시 역시 바이러스 양은 1시간 후에 갑자기 절반으로 줄어드는 것이 아니라 서서히 감소하기 때문에 지수함수로 표현할 수 있다. 단, 이번 그래프는 오른쪽 아래로 내려가는 곡선이다.

지금까지 봐 온 것처럼 지수함수의 그래프는 곡선이 오른쪽 위로 올라가면 시간이 지날수록 수치가 극단적으로 커지고, 오른쪽 아래로 내려가면 초반에 수치가 뚝 떨어졌다가 그 후에는 곡선의 경사가 완만해진다.

그럼 어떤 경우에 지수함수의 그래프가 오른쪽 위로 상향 곡선을 그리고, 어떤 경우에 오른쪽 아래로 하향 곡선을 그릴까? 이는 지금까지 ○로 나타냈던 숫자인 밑에 따라 결정된다. 정확히 말하면 밑이 1보다 클 때는 오른쪽 위로, 밑이 0보다 크고 1보다 작으면 오른쪽 아래로 내려간다.

이제 코로나바이러스 이야기를 해 보자. 실제로 지수함수는 바이러스의 증식, 어떠한 감염자 수의 증가, 인구 증가 등을 예측할 때 자주 사용되는 함수다. 특히 감염증의 확대에 관해 포인트가 되는 것이 기초 감염 재생산 지수와 실효 재생산 수다.

129

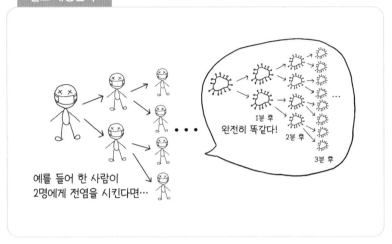

'기초 감염 재생산 지수(원래 인구학에서 만들어진 개념이라고 한다)'란 역학에서는 '1명의 감염자가 아무도 그 감염증에 면역을 갖지 않은 집단으로 들어갔을 때 직접 감염시키는 사람 수의 평균을 나타내는 값'이라고 한다. 예를 들어 인플루엔자는 이 값이 1~3이라고 한다. 감염자 한 사람이 그해의 인플루엔자 면역을 갖지 않은 집단 안에서 1명~3명 정도에게 전염시킬 수 있다는 뜻이다.

그럼 실효 재생산 수는 기초 감염 재생산 지수와 뭐가 다를까? 실효 재생산 수는 '이미 세상에 감염이 퍼져 있는 가운데 감염자 1명이 다음에 직접 감염시키는 사람 수의 평균을 나타내는 값'이다. 실제로 감염이 퍼져 있다는 것은 그 안에서 감염을 방지하려고 노력하거나 이미 면역을 가진 사람도 있다고 예상할 수 있다. 그런 요소의 영향을 받기 때문에 실효 재생산 수는 시간이 지날수록 변한다.

그러나 어느 시점에 고정해서 보면 기초 감염 재생산 지수나 실효 재생산 수 모두 처음에 예로 든 세균 분열 이야기와 거의 비슷한 상황을 나타낸다는 사실을 알 수 있을 것이다.

따라서 감염이 확대된 후의 감염자 수는 실효 재생산 수를 밑으로 한 지수함수로 예측할 수 있다(1개의 모델로서). 앞서 지수함수는 밑의 값이 1보다 커지면 그래프가 오른쪽 위로 올라간다고 했는데, 지금 상황에 맞게 바꿔 말하면 실효 재생산 수가 1보다 클 때 감염자 수는 지수함수적으로 증가하고, 1보다 작을 때 감염자 수는 지수함수적으로 감소한다.

또한 밑이 조금만 커져도 그 지수함수가 그리는 곡선의 기울기가 급격히 심해지는 것은 실효 재생산 수가 조금만 증가해도 감염자가 폭발적으로 늘어나는 것을 뜻한다.

그러한 이유 때문에 전문가들은 '아무튼 실효 재생산 수를 조금이라도 줄이는 것이 중요하다'라고 미디어에서 자주 말했던 것이다. 개개인의 작은 노력이 큰 성과로 이어질 수 있었던 것은 이런 과학적 근거가 뒷받침되어 있었기 때문이다.

앞에서 지수함수로 예측한다고 했는데, 이건 하나의 수리 모델일 뿐이고 미지의 상황을 현대 과학으로 어디까지 예측할 수 있는지는 알 길이 없다. 물론 전문가들은 매일 조금이라도 예측 정확도를 높이려고 연구에 몰두하고 있을 것이다.

마스크를 착용하고 틈틈이 소독을 하며, 외출 후 손을 깨끗이 씻는 등의 사소한 개인적인 노력들이 쌓여 결국 실효 재생산 수에 영향을 미쳤던 것이 아닐까 하는 생각이 든다.

여기서는 지수함수를 코로나바이러스와의 관계에 초점을 맞춰 설명했는데, 이 지수함수는 인구나 감염자 수 등의 역학·통계학적 분야뿐만 아니라 사회 곳곳에서 등장한다.

예를 들어 예금의 이자를 보자. 특히 복리법에서는 원금과 그 기간 전까지 발생한 이자를 합친 금액에 이자가 붙기 때문에 연이율이 5%(0.05)일 때 이듬해의 저금액은 원금에 이 이자분(원금×0.05)을 더한 '원금×1.05'가 된다. 게다가 그 이듬해에는 이 금액 전체에 1.05가 곱해지기 때문에 '원금×1.05×1.05'라는 금액이 된다.

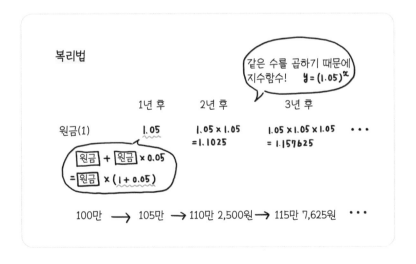

즉, 원금에 '1.05를 몇 번 곱하는가'로 몇 년 후의 예금액을 계산할 수 있고, 거기서 지수함수가 등장하는 것이다.

또한 감소하는 지수함수의 예로는 방사성 물질의 감소 정도(사실 방사성 물질의 붕괴는 밑이 $\frac{1}{2}$인 지수함수를 사용하면 계산할 수 있다)나 해저로 가면 갈수록 어두워진다는 수중의 밝기 변화를 들 수 있다.

그리고 지수함수와 관계가 깊은 함수로 대수함수라는 것이 있다. 이 함수는 지진의 규모를 나타내는 매그니튜드, 별의 밝기 등급, 수용액의 산성 및 알칼리성을 나타내는 지표인 pH에 나타난다.

평소 생활을 할 때는 의식하는 일이 없겠지만, 우리 주변의 아주 가까운 곳에 지수함수나 대수함수는 늘 흘러넘치고 있다.

사카이 유키코

STORY 18 비눗방울

[극소곡면]

나는 비눗방울 놀이를 좋아한다. 공원에서 비눗방울을 가지고 노는 아이들을 무심결에 눈으로 좇다가 빛에 닿아 일곱 빛깔로 반짝이거나 높은 곳까지 날아올라 터지는 비눗방울을 관찰하곤 한다.

비눗방울은 어쩜 그렇게 예쁘게 동글동글할까? 어디서 들어봤을 수도 있지만, 여기서는 비눗방울(정확히 말하면 비눗방울의 막)과 방정식의 근에 대해 소개하려고 한다.

방정식의 근이라니? 이게 웬 생뚱맞은 말인가 싶은 분들도 있을 것 같다.

고등학생 때 이차방정식의 근의 공식, 근의 존재와 판별식이라는 단원에서 마치 주문을 외우듯 공식을 달달 외운 적이 한 번쯤은 있을 것이다. 이차방정식의 근이 존재하는지, 근이 존재할 때는 몇 개

가 있는지 공식을 외우면서 풀었던 기억쯤은 누구나 갖고 있을 것이다.

'근이 있는지 없는지, 있다면 몇 개 있는지'라는 의문은 나랑 거리가 멀다 싶은 사람들도 있을 것이다. 하지만 일상생활에 수학은 어느 곳이나 침투해 있다. 예를 들어 보자. 집에서 백화점으로 쇼핑을 갈 때 '가는 방법은 몇 가지가 있고, 그중 어떤 방법으로 갈 것인가'를 생각하며 이동 수단을 정할 것이다. 그런 것과 비슷하다.

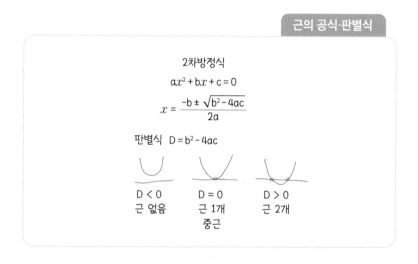

근의 공식·판별식

2차방정식

$$ax^2 + bx + c = 0$$

$$x = \frac{-b \pm \sqrt{b^2 - 4ac}}{2a}$$

판별식 $D = b^2 - 4ac$

D < 0
근 없음

D = 0
근 1개
중근

D > 0
근 2개

이야기가 살짝 샛길로 빠졌으니 다시 비눗방울 얘기로 돌아오겠다. 요즘 나오는 장난감들을 보면, 입으로 부는 것뿐 아니라 자동으로 비눗방울을 쏴 주는 제품도 있고 동그란 고리에 비눗물을 묻혀서 큰 비눗방울을 만들 수도 있다.

여기서는 틀을 직접 만들어서 비눗방울의 막이 어떤 식으로 생기는

지 살펴보려고 한다.

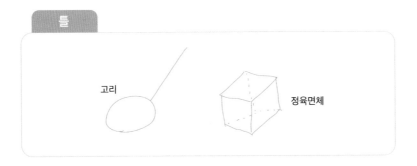

틀

고리   정육면체

위의 그림처럼 고리를 비눗물에 묻히면 어떻게 될지는 바로 상상이
간다. 그런데 오른쪽에 있는 정육면체 틀을 비눗물에 묻히면 어떤 막이
생길까?

그림으로 그리면 이렇다.

고리에 생긴 비눗방울의 막   정육면체에 생긴 비눗방울의 막

그림으로 그리기가 어려워서 직접 틀을 만들어 사진을 찍어 봤다. 클
립을 변형시켜서 만든 정육면체 틀을 비눗물에 묻힌 모습이다.

예상했던 그림일까? 정육면체 틀 한가운데에 정사각형처럼 보이는 사각형 모양이 생겼다.

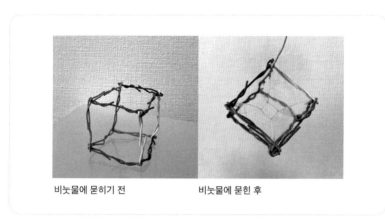

비눗물에 묻히기 전   비눗물에 묻힌 후

비눗방울이 동그란 이유는 비누 속의 공기를 감싸는 비눗방울의 막이 최대한 힘을 들이지 않도록 표면장력을 최소한으로 했기 때문이라는 이야기를 들어본 적이 있을 것이다.

표면장력이라고 하면 괜히 어려워 보이는데, 표면장력과 표면적은 비례한다. 그래서 그 안에 들어 있는 공기가 일정할 때, 최소한의 비눗방울 막으로 감싸려고 하기 때문에 동그란 구가 되는 것이다.

그와 마찬가지로 틀을 만들어서 비눗물에 묻혔을 때 생기는 비눗방울의 막은 표면장력을 최소화해서 면적이 최대한 작아지도록 자연스럽게 덮여 있다. 수학 용어로 말하면 이것을 '극소곡면(평균 곡률 0)'이라고 한다.

틀을 만들어서 비눗방울 막을 치기는 간단하지만, 수학 문제로써 극소곡면을 구하기란 그리 호락호락하지 않다. 근이 존재한다는 것을 입증하기도 어렵고, 그 근이 하나인지 둘인지 아니면 그 이상인지도 알 수 없어, 정말 재미있는 문제가 가득하다.

그럼 이렇게 생긴 틀을 비눗방울의 막은 어떻게 덮을까?

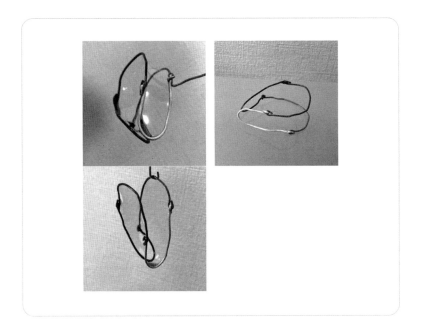

비눗방울의 막이 덮인 사진을 2장 살펴보자. 차이가 보이는가?

사실 틀은 같지만, 비눗방울의 막은 다르게 덮여 있다(이로써 내 그림 실력뿐 아니라 사진 표현 능력도 없다는 사실이 공개되고 말았다).

막이 어떻게 생겼는지는 다음 사진을 보자.

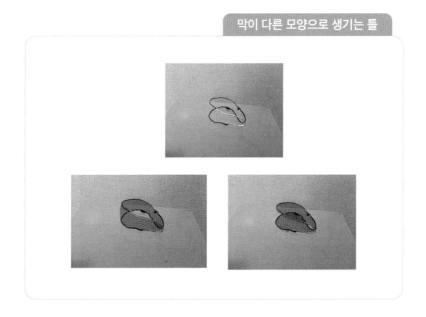

막이 다른 모양으로 생기는 틀

같은 틀에서 비눗방울의 막이 생긴 부분을 색칠해 봤다. 에네퍼 곡면 (Enneper surface : 다양한 수학적 성질을 가진 3차원 기하학적 표현으로, 자기 유사성과 대칭성을 특징으로 한 쌍곡면의 일종)과 똑같은 경계를 가지는 극소곡면을 보려고 직접 만든 틀이다. 틀을 직접 만들어서 비눗방울의 막이 다르게 형성되는 모습을 보는 것도 정말 재미있다.

이것 말고도 막이 다른 모양으로 덮이는 비누 틀이 아직 더 많으니 관심이 있다면 직접 만들어서 도전해 보기 바란다. 클립과 펜치와 같은 도구를 사용해서 만들어볼 수 있다.

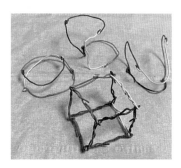

 이렇게 틀을 만들어서 비눗방울의 막을 씌우면 그 틀 안에서 저절로 극소곡면이 되려고 한다.

 비눗방울 막에서 극소곡면을 끌어내고, 곡률에 대한 이야기에도 관심을 가져보면 좋겠다.

다케무라 도모코

음악을 만드는 숫자의 마법

요 몇 년 사이에 큰맘 먹고 산 가장 비싼 물건은 코로나 때 구입한 전자피아노다. 20년 이상 피아노에 거의 손도 대지 않았는데, 공공장소에서 사람들이 저마다 피아노를 연주하는 방송이나 동영상을 봤더니 건반이 너무 치고 싶어졌다.

이러면 마치 내가 피아노 상급자라도 되나 싶겠지만, 전혀 그렇지 않다. 어릴 적에는 매일 꾸준히 해야 하는 기초 연습이 너무 싫어서 항상 발표회를 앞두고 발등에 불이 떨어져 벼락치기를 하곤 했다. 이른 나이에 배운 것 치고는 절대음감도 없었고, 악곡의 원래 속도는 무시하고 내 맘대로 연주할 뿐이었다. 매체에서 즉흥 연주를 하거나 자신의 세계관을 즐겁게 표현하는 사람들을 보면, 가끔 동경의 마음이 생기기도 한다.

코로나 때문에 외출이 제한되어 비슷한 생각을 한 사람도 많지 않았을까? 악기의 수요가 높아지던 중, 2020년 12월에 주문한 전자피아노가 우리 집에 온 건 2개월이 지난 후였다. 그때 코로나 때문에 은둔 생활을 하던 나에게 음악은 정말이지 구원의 빛이었다. 그리고 보니 이 책을 같이 쓴 다른 작가는 코로나 때 통기타를 배우기 시작했단다(멋있다!).

그런데 피아노와 기타는 생김새도 소리도 완전히 딴판이지만 사실 어떤 관점에서 분류하면 같은 디지털digital 악기에 속한다고 볼 수도 있는데, 여기에는 이미 이 책에서도 소개한 어떤 공통 수학이 숨어 있다.

'디지털'이라고 하면 아무래도 전자의 이미지가 강한데, 원래는 라틴어로 '손가락'을 뜻하는 'digit'에서 유래한 말이라고 한다.

실제로 디지털의 뜻을 찾아보면, 전자공학적 의미뿐 아니라 '손가락의'라는 의미로도 자주 쓰이는 것을 볼 수 있다. 앞서 '손가락 구구단'에서도 소개했지만, 원래 인류의 대부분은 수를 셀 때 손가락을 사용했다 (손가락뿐이 아니다. 부족에 따라서는 발가락, 나아가 몸의 일부를 숫자와 대응시켜 사용했다고 한다).

컴퓨터나 전자기기 등은 0과 1만으로 모든 숫자를 나타내는 '2진법'을 사용해서 프로그래밍되어 있는데, 손가락으로 세는 자연수처럼 띄엄띄엄 값을 이용한다고 해서 '디지털'을 전자공학적 의미로도 사용하게 된 모양이다. 그리고 그 '디지털'과 상반된 개념은 끊어지는 곳 없이 연속적인 양을 나타내는 '아날로그'다.

그렇다면 디지털 악기와 아날로그 악기는 어떤 식으로 분류할 수 있을까?

피아노나 기타처럼 어딘가를 누르면 특정 음(도나 레 등)이 나오는 것을 '디지털 악기', 바이올린, 트롬본처럼 일반적인 도레미 음계 말고 다른 소리를 낼 수 있는 것을 '아날로그 악기'로 분류하기도 한다.

기타나 바이올린을 제대로 본 적이 없는 사람은 그 차이를 모를 수도 있는데, 자세한 설명은 일반적인 음계 이야기를 소개한 다음에 하겠다.

1옥타브

1옥타브란 무엇일까?

도레미파솔라시도. 첫 도에서 다음 도까지, 첫 레에서 다음 레까지 여덟 음을 1옥타브라고 한다(검은 건반 다섯 음과 합치면 13음, 마지막 한 음을 넣지 않고 12음이라고 설명하는 경우도 있다).

이 1옥타브의 개념이 사실 피타고라스로부터 비롯되었다니, 정말 놀랍다. 그렇다. 직각삼각형 세 변의 관계를 설명했던 피타고라스의 정리의 그 피타고라스다.

어린 시절에 상자나 책에 고무줄을 끼워 악기처럼 치며 놀았던 기억이 있는 사람들도 있을 것이다. 사실 피타고라스도 기원전 6세기경에

143

비슷한 놀이를 했다. 거문고 비슷한 것을 만들어서 현을 여기저기 눌러 보기도 하고 길이를 바꾸면서 여러 가지 음색을 내며 연구했다고 한다.

고무줄

한쪽 엄지손가락으로 고무줄을 누르고 다른 한 손으로 고무줄을 잡아당겼다 놓으며 소리가 나게 해 보자. 고무줄 이 짧으면 짧을수록 음이 높아진다.

그러던 가운데 피타고라스는 현을 튕겼을 때 나는 소리가 현의 길이 를 2배로 했을 때 나는 소리와 조화롭다는 사실을 발견했다.

피타고라스가 조화롭다고 느낀 음이 바로 1옥타브 차이가 나는 음이 었다. 그러니까 현의 길이가 2배로 길어지면 음이 1옥타브 낮아지고, 반대로 현의 길이가 $\frac{1}{2}$로 짧아지면 음이 1옥타브 높아지는 것이다.

소리는 공기를 울려서(음파가 전해져서) 낸다는 이야기를 들은 적이 있 을 것이다. 현의 길이가 짧아지면 울리는 음파의 진동수가 많아지고(주 파수가 높아지고), 그것이 음의 높이와 대응한다. 실제로는 1옥타브 높아 지면 주파수는 2배가 된다고 알려져 있다.

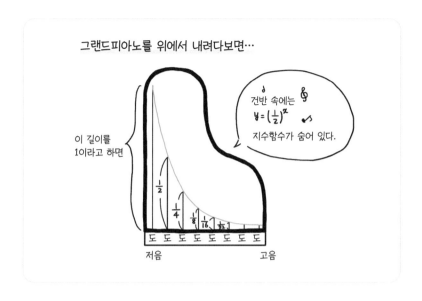

이번엔 그랜드피아노로 생각해 보자. 그랜드피아노에는 단단한 현을 쳐 놨는데, 건반을 누르면 해머가 현을 두드려서 그 진동으로 소리가 나는 구조다. 그리고 그 현의 길이는 앞에서 얘기했던 것처럼 현의 길이가 $\frac{1}{2}$로 짧아지면 음이 1옥타브 높아진다는 법칙을 기본으로 해서 조율한다.

실제로 건반이 88개 있는 피아노는 오른쪽 끝이 도로 끝나면서 7옥타브만큼 건반이 있다. 혹시 지금까지 했던 이야기로 미루어봤을 때 거기에 지수함수가 숨어 있다는 사실을 눈치챘는가? 1옥타브 음이 높아질 때마다 현의 길이가 $\frac{1}{2}$로 짧아진다는 것인데, 제일 왼쪽에 있는 도의 현의 길이를 1이라고 하면, 1옥타브 높은 도의 현의 길이는 $\frac{1}{2}$, 그다음 1옥타브 높은 도의 현의 길이는 $\frac{1}{4}$…이 된다.

단, 이대로 그랜드피아노를 만들면 본체가 매우 길어지기 때문에 실제로는 현의 두께나 현의 배치에 심혈을 기울여 크기를 작게 만든 경우가 많다.

같은 이유로 현을 손가락으로 튕겨서 소리를 내는 하프의 모양 역시 그랜드피아노의 곡선과 비슷하다.

서두에서 피아노와 같은 디지털 악기에 속한다고 소개했던 기타는 어떨까?

이야기하기에 앞서 1옥타브 안에 존재하는 음 사이의 관계를 먼저 알아야 한다. 피아노의 1옥타브에는 '흰 건반이 8개, 검은 건반이 5개'로 합쳐서 13개의 음이 들어 있다는 건 이해했을 것이다.

사실 피아노는 이웃하는 13개 음의 주파수 비율이 정확히 같아지도록 조율되어 있다(평균율이라고 한다). 13개의 음 사이에는 총 12개의 틈이 있으므로 제일 왼쪽 도의 주파수에 어떤 수 ○를 열두 번 곱하면 오른쪽에 있는 도는 주파수가 2배인 상황인 것이다.

열두 번 곱하면 2가 되는 수를 2의 12제곱근이라고 하는데, 실제로는 1.0594…로 약 1.06이라는 값이 나온다.

그러니까 1옥타브에서 이웃하는 음과 음의 주파수 비율이 약 1.06이라는 뜻이다.

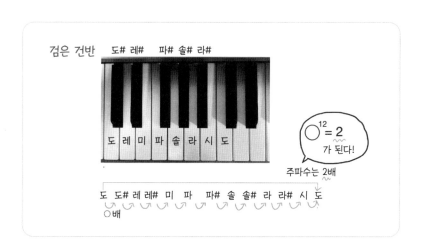

여기까지 설명했으니 이제 기타 이야기를 할 수 있겠다.

기타에는 프렛이라 불리는 부분이 있는데, 그 프렛을 눌러서 현을 튕기면 앞서 말한 고무줄놀이와 똑같은 원리로 다른 소리를 낼 수가 있다.

피아노와 마찬가지로, 현의 길이가 짧아질수록 고음이 난다. 이 프렛은 현에 수직으로 배치되어 있는데, 기타 제일 앞쪽에 프렛을 하나 어긋나게 놓으면 반음 낮은 소리를 낼 수 있게 되어 있다.

그러니까 앞에서 계산했듯이 현의 끝을 기점으로 해서 그림으로 나타낸 부분을 1이라고 했을 때, 다음 프렛까지 현의 길이는 약 1.06배, 그리고 그다음 프렛까지의 길이는 원래 길이의 약 1.06×1.06배가 되는 것이다. 곱하는 수인 약 1.06이 1보다 크기 때문에 현의 길이는 지수함수적으로 늘어나고, 그와 더불어 제일 앞부분에 가까워질수록 프렛의 간격도 점점 넓어진다.

147

참고로 바이올린에는 이 프렛에 해당하는 부분이 없기 때문에 손가락을 움직였을 때 이른바 도레미파솔라시도와 대응하지 않는 절묘한 소리를 낼 수 있는 것이다. 그런 차이 때문에 기타는 디지털 악기, 바이올린은 아날로그 악기로 분류된다.

　현대 서양 음악은 도레미파솔라시도를 사용한 음계를 기본으로 발전해 왔는데, 서양 음악과는 다르게 발전해 온 음악(예를 들어 전통 음악인 아악이나 민족 음악 등)에서는 도레미라는 음계를 사용하지 않는 모양이다. 지금까지 도레미 등의 음계만 있는 줄 알았는데, 검은색과 흰색 사이에 무한한 색깔이 있듯이, 소리에도 무한한 음색과 무한한 음정이 있다니 참으로 경이롭다. 얼마 전 어떤 강연회에서 이 도레미 말고도 다른 음색이 있다는 사실을 처음으로 의식하고 감동을 받았는데, 문득 한 가지 의문이 생겼다. 절대음감을 가진 사람이 아악이나 민족 음악처럼 도레미 등의 음계에 없는 음정을 들으면 어떻게 느낄까?

음대 출신으로 아악에도 정통한 지인에게 물어봤더니, '그 음이랑 반음 차이가 나는데'라는 식으로 생각한다고 한다. 노래방에서 내가 좋아하는(혹은 자주 듣는) 노래를 부르던 친구가 음 이탈이 났을 때, '아, 삑사리 났네'라고 생각할 때와 비슷한 감각일까? 이런, 내 주변 이야기들을 했더니 살짝 저속한 표현이 나오고 말았다.

그러고 보니 방금 주파수의 비율이 일정해지도록 1옥타브를 12로 나눠서 도레미파솔라시도가 정해진다고 설명했다. 주파수의 비율이 일정하다면서 왜 검은 건반과 흰 건반으로 나누었을까?

그것은 13개의 음을 한눈에 쉽게 구분하기 위함이라고 한다. 그래서 검은 건반 5개를 2개와 3개 그룹으로 나누어 배치하고, 흰 건반 8개와 조합해서 현재의 건반이 완성되었다. 확실히 이렇게 하니 1옥타브 13음을 한눈에 구분할 수 있고, 무엇보다 흰색과 검은색의 조화가 아름답다.

그런데 잠깐, 2, 3, 5, 8, 13… 이 숫자를 보고 느낌이 오지 않는가?

피보나치 수는 정말이지 동서남북을 넘나드는 요술처럼 나타난다.

직장 동료나 친구들 중에 음대 출신자가 여럿 있는데, 이들에게 물어봤더니 여기서 소개한 '피타고라스가 1옥타브를 정했다'라는 사실은 그들에게 당연한 지식이라고 한다. 수학 세계의 피타고라스에는 매우 친숙한 내가 그 사실을 몰랐다고 하니 다들 깜짝 놀랐더랬다.

반대로 주파수와 음정의 관계에서 피아노의 모양이나 기타의 프렛에 지수함수가 숨어 있다는 사실은 수학이나 물리를 하는 사람에겐 그리 특별할 게 없지만, 앞에서 피타고라스 음률을 당연한 듯 이야기했던 친구들은 적어도 그 사실을 아무도 몰랐던 모양이다.

내 주변에서는 당연하지만 다른 세계로 가면 당연하지 않은 일들이 분명 세상에는 아주 많이 존재할 것이다. 물론 나라나 문화, 풍습이 다르다는 건 가끔 의식하지만, 이렇게 가까운 곳에서 서로 깨닫지 못했던 '당연한 사실'이 있다는 게 놀랍다.

나는 호기심이 풍부해서 음식, 문화, 풍습 등등에 국한하지 않고 모르는 세계를 알아가는 것이 매우 좋다. 그리고 그런 모르는 세계의 문이 열리는 계기를 만나는 순간에 기쁨을 느낀다. 스스로도 이 책을 쓰면서 그런 감각을 몇 번이나 맛봤는데, 독자 여러분들에게도 이 책이 그런 역할을 해 줬으면 좋겠다고 생각한다.

 사카이 유키코

STORY 20 우리는 소수의 보호를 받는다

[소인수분해]

대부분의 사람이 온라인 쇼핑몰을 이용한 적이 있을 것이다. 특히 코로나바이러스가 출몰하면서 온라인 쇼핑의 수요는 2020년 3월경부터 급증했다고 한다.

한편으로는 신용카드 범죄라는 말도 자주 오르락내리락하게 되었다. 이런 말을 들으면 왠지 인터넷상으로 쇼핑을 할 때 신용카드 번호를 입력하는 것에 불안감을 느끼는 사람도 있을 것 같다.

하지만 안전한 사이트에서는 신용카드 결제를 해도 괜찮다. 우리의 소수가 든든하게 지켜주기 때문이다! 소수가 지켜준다고? 어떻게 그렇게 장담을 할까? 아마 물음표투성이일 것이다.

2023년 1월, 세상을 들썩이게 만들었던 카드 범죄의 대부분은 훔치거나 주운 카드를 이용해서 직접 ATM으로 현금을 인출하거나 위조된 카드를 이용해서 상품을 구입하는 피싱 사기이다.

'피싱 사기'란 메일 등을 보내 가짜 사이트로 유도하고, 신용카드 정보를 직접 입력하게 만들어서 카드 정보를 훔치는 범죄다. 그래서 보안 프로그램을 사용하거나 직접 스팸 메일을 걸러내지 못하면 막을 방도가 없다. 따라서 안전한 사이트라면 신용카드 정보를 입력했을 때 제삼자가 그 정보를 훔쳐 갈 염려는 거의 없다.

애초에 요즘 세상에는 온라인 쇼핑 말고도 다양한 개인 정보가 전자데이터로 거래된다. 교통카드를 예로 들어보겠다. 초반에는 역무원이 눈으로 개찰 작업을 했던 것이 현대에 들어서면서부터 자동 개찰기가 도입되어 개찰기 안에서 작업을 하게 되었다. 그리고 지금은 기계에 넣지 않아도 삑 하는 소리와 함께 순식간에 작업이 끝나게 되었다. 정말이지 기술의 발달은 놀라울 따름이다.

그런데 그 찰나의 순간에 무슨 일이 일어나는 걸까? 사실 그 짧은 시간 동안 IC 카드와 개찰에 연결되어 있는 서버 사이에 암호를 아는 자들끼리 비밀의 거래가 이루어지고, 그 카드가 정당한지 인증된다. 먼저 그 구조를 살펴보자.

현재는 일상 대화 속에서도 'IC 카드'라는 말이 일반적으로 사용되는데, 'IC'란 집적회로를 뜻하는 'Integrated Circuit'의 약자다. 플라스틱으로 된 카드에 IC 칩이 들어있는데, 그 안에는 비밀 거래를 위한 '암호 변환표 같은 것'(암호의 분야에서 이것을 '키'라고 부른다)도 들어있다.

어릴 적에 한 번쯤은 친구와 암호 놀이를 했던 적이 있을 것이다. 비밀 기지나 문 앞에 파수꾼 역할을 맡은 사람이 서 있고, 약속된 암호를 부르지 않으면 지나갈 수 없는 그런 놀이 말이다.

교통 IC 카드를 사용한 인증의 기본 사고법은 이 암호 놀이를 살짝 복잡하게 만든 것이다.

앞에서 이야기했듯이 IC 카드 안에는 각각 카드 전용 '암호 변환표'가 들어있는데, 완전히 동일한 것이 서버 쪽에도 보관되어 있다. 아까 말했던 암호 놀이에서 같은 암호를 공유하는 것처럼 말이다.

하지만 암호 정보를 외부자가 알면 그 관문이 뚫리게 된다. 암호를 직접 거래하면 유출되거나 도용될 위험성이 있는 것이다. 그래서 교통 IC 카드는 이런 식으로 인증을 거친다.

① 카드를 개찰기에 찍으면 개찰기에서 카드 쪽으로 매번 다른 언어(실제로는 숫자 데이터)를 전송한다.

② 카드는 자신이 가진 '암호 변환표(키)'를 사용해 데이터를 암호화한다.

③ 개찰기는 서버에 보관되어 있는 이 카드의 '암호 변환표(키)'로 데이터를 해독하고, 원래 자신이 보냈던 언어로 돌아오면 통과시킨다.

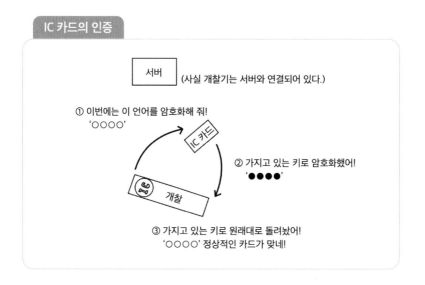

IC 카드의 인증

서버 (사실 개찰기는 서버와 연결되어 있다.)

① 이번에는 이 언어를 암호화해 줘!
'○○○○'

IC 카드

② 가지고 있는 키로 암호화했어!
'●●●●'

개찰

③ 가지고 있는 키로 원래대로 돌려놨어!
'○○○○' 정상적인 카드가 맞네!

이런 구조를 만들어 놓으면 '키'로 변환해야 하는 언어나 '키'로 암호화된 언어 데이터만 전송되니까 중요한 '키'가 새어나갈 염려는 없다.

이러한 구조를 시도 응답 인증Challenge-response이라고 부른다. 처음에 개찰기 쪽에서 전송하는 언어를 업계에서는 '시도challenge'라고 부르는데, 그에 대해 카드 쪽이 '응답response'이라 불리는 암호문으로 답하기 때문이다. 이 시도 응답 인증은 가게에서 신용카드 결제를 할 때 일부 인증(그 카드 인증이 정당한지 확인하는 과정)에도 사용된다.

그런데 이 시도 응답 인증을 온라인 쇼핑몰에서는 사용할 수 없다.

시도 응답 인증은 미리 거래를 하는 쌍방이 같은 '키'를 갖고 있을 때 성립하는 인증 방법이다. 온라인 쇼핑의 경우는 보통 갑자기 사이트에서 상품을 구입하기 때문에 '키'에 해당하는 정보를 자신과 가게 사이에 미리 공유하지 않는다. 그렇다고 해서 가게와 데이터 통신을 거래하다가 나중에 '암호'를 공유할 수도 없는 노릇이다(누출과 도용의 우려 있음).

이때 등장한 것이 '공개 키 암호'라는 구조다. 말 그대로 이 구조는 데이터 통신의 정보를 암호화하거나 복호화할 때 '키'의 일부를 공개한다는 기존의 개념을 뒤집은 방법이다.

시도 응답 인증에서는 쌍방이 같은 '키'를 공유했는데, 이 공개 키 암호에서는 암호화하는 암호 키와 그것을 원래대로 돌리는 복구 키가 따

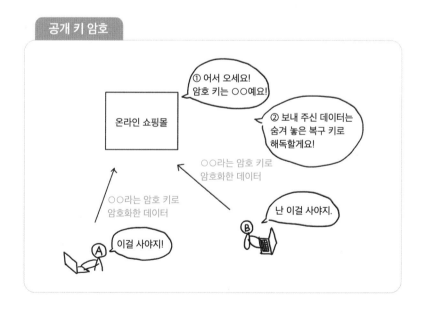

공개 키 암호

① 어서 오세요!
암호 키는 ○○예요!

② 보내 주신 데이터는
숨겨 놓은 복구 키로
해독할게요!

온라인 쇼핑몰

○○라는 암호 키로
암호화한 데이터

○○라는 암호 키로
암호화한 데이터

난 이걸 사야지.

이걸 사야지!

로따로 존재한다. 암호 키만 공개하고 복구 키는 공개하지 않으니까 괜찮다는 것이다.

이렇게 해서 한 가게에 대해 불특정 다수의 고객이 자신의 신용카드 정보를 암호화해서 데이터를 보낼 수 있고, 그 가게는 공개하지 않은 복구 키로 그 정보를 복호화할 수 있다.

하지만 암호 키를 공개했는데 정말 데이터 송신의 안전성이 보장될까?

그 역할은 물론 암호 키가 한다. 예를 들어 암호 키로 '알파벳을 3글자씩 밀어내서 다른 알파벳으로 치환한다'라는 단순한 법칙(기원전 1세기에 고대 로마의 정치가 율리우스 카이사르가 사용했다고 해서 카이사르 암호라고 불리는 암호다)을 채택하면, 복구 키는 '알파벳을 3글자씩 밀어낸다'라는 것을 바로 추측해서 암호 데이터를 간단히 간파한다.

즉, 공개 키 암호를 쓰려면 '공개된 암호 키를 보고 복구 키를 바로 들키지 않는 상황'이 필요한 것이다. 그런데 그런 상황을 만들 수 있을까?

사실 1976년에 공개 키 암호 아이디어가 발표되었을 때, 구현 방법은 발표되지 않았다. 그런데 이듬해에 미국의 연구자 3명이 공개 키 암호를 실현해 낼 방법을 고안했다.

이 암호는 1977년 MIT의 리베스트Rivest, R., 샤미르Shamir, A., 에이들먼Adleman, L.의 이름 첫 글자를 따서 'RSA 암호'라고 불리며, 지금도 온라인 쇼핑몰뿐 아니라 다양한 곳에서 데이터 송신이나 기밀 정보 통신을 지원하고 있다.

이는 어떤 복잡한 구조를 갖고 있을까?

의외로 RSA 암호의 포인트 자체는 매우 단순하고 간단하게 이루어져 있다. '큰 수의 곱셈은 간단하지만, 큰 수의 소인수분해는 어렵다.' 이는 아마 중학생도 아는 이야기일 거다(소인수분해는 앞서 '소수와 생존 경쟁'에서 이미 설명했다).

근처에 스마트폰이나 계산기가 있으면 2023을 소인수분해해 보자. 바로 풀 수 있을까?

짝수는 2로 나누어떨어지고, 모든 자릿수를 더한 값이 3으로 나누어떨어지면 그 수는 3의 배수, 뒤의 두 자리가 4로 나누어떨어지면 그 수는 4의 배수, 1의 자리가 5나 0이면 그 수는 5의 배수 등 몇 가지 계산 방법은 있다. 하지만 2023을 소인수분해하기란 상당히 까다롭다.

소인수분해를 할 때는 일단 아무거나 하나라도 좋으니 먼저 그 수의 약수를 찾아내는 것이 중요한데(찾아낸 수로 나누면 다음 계산은 매우 편해진다), 그러려면 대충 찍어서 맞히거나 앞에서 얘기했던 방법을 사용하면서 작은 수로 나누는 소거법을 택할 수밖에 없다. 참고로 2023은 7×17×17로 소인수분해를 할 수 있다.

그럼 다음으로 2017×2027(2017은 2023보다 작은 최대 소수, 2027은 2023보다 큰 최소 소수)을 계산해 보자. 계산기를 쓰면 답은 금방 나올 것이다. 참고로 정답은 4088459다.

온라인 쇼핑몰

암호 키 : 4088459 공개

곱셈은 간단 ↑ ↓ 큰 수의 소인수분해는 까다로움

복구 키 : 2017, 2027 비밀

이렇게 계산을 해 보니 앞서 나온 RSA 암호가 어떤 포인트를 갖고 있는지 실감이 나지 않는가? 4자리×4자리 곱셈은 계산기를 사용하면 빠르게 값을 도출할 수 있지만, 2023은 네자릿수임에도 계산기로 소인수분해 하기가 상당히 어렵다(가능하다 해도 시간이 오래 걸린다). 이게 RSA 암호의 포인트다.

실제로는 조금 더 복잡한 계산으로 암호 구조가 만들어져 있지만, 뭉뚱그려 말하자면 RSA 암호에는 비밀 키로 2개의 큰 소수를 이용하고, 공개 키로 그 소수 2개를 곱해서 나오는 수를 이용한다.

여기서는 4자리 소수를 예로 들었는데, 실제 RSA 암호에 사용되는 큰 소수는 300자리 정도이며, 그 2개의 소수를 곱한 수는 600자리 정도라서 현재 기술을 가지고 RSA 암호를 돌파할 수는 없다고 한다.

'에라토스테네스의 체'라는 말을 들어본 적이 있는가?

이것은 기원전 2세기경 고대 그리스의 학자 에라토스테네스가 연속된 정수에서 소수를 추출하는 방법을 발견해 내 붙인 이름이다. 일단 알고 싶은 수를 표의 형태로 적어낸다. 먼저 2보다 큰 2의 배수를 지우고, 다음으로 3보다 큰 3의 배수를 지운다. 이런 식으로 소수의 배수를 하나씩 지워서 마지막에 소수만 그 표에 남기는 원시적인 방법이다.

그러나, 그로부터 2000년 이상이 지난 지금도 에라토스테네스의 체를 능가하는 소수의 판정법, 소수 추출 방법은 찾지 못했다. 따라서 실제로 큰 수를 소인수분해할 때, 컴퓨터는 그 수를 나누는 수들을 샅샅이 찾아내는 노동을 해야 한다.

물론 원래 수가 작으면 컴퓨터가 바로 소인수분해를 할 수 있는데, 원래 수가 600자리나 되면 그 제곱근을 뗀 300자리 정도의 숫자 중에서 작은 수부터 차례대로 나누고, 나머지가 나오는지 확인해야 한다. 현시점에서는 아무리 대단한 슈퍼컴퓨터를 쓴다고 할지라도 현실적인 시간 안에 그런 계산은 불가능하다.

그래도 근래에는 물리의 양자역학 논리를 응용한 양자 컴퓨터 개발이 이루어지고 있다. 혹시 가까운 미래에 RSA 암호를 단시간에 해독하는 날이 올지도 모른다.

여기까지 거대한 소수의 곱으로 이루어진 큰 숫자를 인수분해하기가 어렵다는 것이 RSA 암호의 포인트라고 설명했다. 그런데 큰 소수는 얼마나 존재할까?

사실 소수는 무한으로 존재한다. 이 사실은 기원전 3세기경에 이미 고대 그리스의 수학자 유클리드가 증명했다. 하지만 그로부터 2300년 이상이 지난 오늘날에도 소수를 만드는 식은 존재하지 않는다.

소수는 신비로운 수이며, 현재도 많은 연구자가 소수를 연구하거나 더 큰 소수를 발견하려는 노력에 매일 힘쓰고 있다. 이것도 수학의 재미 있는 점인데, 이론적으로 옳다고 증명할 수는 있지만, 그 구체적인 사례를 만드는 것은 어려운 경우가 많다.

사카이 유키코

완벽한 가방을 찾는 다차원의 사고법

새 가방을 살 때 어떤 조건을 고려하는가? 나는 며칠 전에 고민하고 또 고민한 끝에 새 가방을 장만했다. 평소 애용하던 브랜드에서 좋아하는 예술가와 컬래버레이션한 한정판 가방이다.

살지 말지 고민하는 동안 가방의 디자인, 가격, 쓰임새, 사지 않았을 때 할 것 같은 후회 등을 나만의 저울 위에 올려놓고 한참을 고민한 끝에 결국 구매하기로 마음먹었다. 지금은 그 가방을 들고 외출할 때마다 마음이 들뜬다.

꼭 가방이 아니어도 세탁 세제나 오늘 저녁 식후 디저트 등, 무언가를 구매할 때 사람들은 자기만의 여러 가지 지표를 가지고 검토한다. 저마다 몇 가지 기준이 있고, 물러날 수 없는 조건이나 타협할 수 없는 포인트가 있을 것이다.

그 기준이야말로 다차원의 세계다. 갑자기 다차원이라니, 무슨 소린가 싶겠지만 우리가 생각의 나래를 펼치고 있는 그 공간이야말로 바로 다차원의 세계다.

161

여기서는 가방을 예로 들어 구입할 때의 포인트와 차원에 대해 소개하려고 한다.

가방을 살 때는 보통 이런 것들을 생각한다.

- 디자인(모양, 무늬, 색깔 등)

- 내구성(브랜드, 소재 등)

- 사이즈(용량, 가로와 세로의 비율 등)

- 그립감(가방끈의 길이나 모양 등)

- 가격(자유롭게 쓸 수 있는 돈과의 균형, 사용 빈도 등)

- 기능성(주머니나 지퍼의 유무 등)

가방을 살 때

디자인(색깔, 모양, 무늬…)

사이즈(비율, 용량…)

그립감(무게, 손잡이…)

가격(활용도)

기능성(주머니 수)

먼저 크게 6개의 항목으로 나누고 각 항목에 해당하는 요소들을 하나하나 자세히 살펴보면서, 위에서 언급된 총 13개의 요소들을 머릿속으로 생각하고 구입 기준을 충족하는지 판단하게 된다. 즉, 13차원을 생각하는 것이다. 나는 패션에 둔한 편이라 이 정도이지만, 아마 더 세세한 조건을 따지며 까다롭게 구매를 검토하는 사람들도 많을 거로 생각한다. 잘 꾸미는 사람이나 쇼핑을 잘하는 사람일수록 다차원을 감각적으로 이해해서 자유자재로 활용하는 것이다.

하지만 많은 사람이 4차원이나 5차원을 이해하는지는 모르겠다. 한번 자신이 원하는 조건을 조목조목 따져봤으면 좋겠다. 거기에는 분명 많은 기준이 있을 테고, 당신은 그 기준의 수만큼 높은 차원으로 자연스럽게 생각하고 있다. 말하자면 이미 다차원의 세계를 인식하고 있다는 것이다.

높은 차원을 다각적으로 분석한다고 해서 딱히 이득이 있을까? 지금부터 살펴보겠다.

먼저 선(1차원), 평면(2차원), 공간(3차원)에 대해서 알아보자.

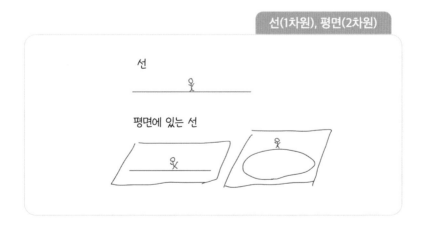

선(1차원), 평면(2차원)

선

평면에 있는 선

선의 세계에서는 선상에 있다는 걸 인식할 수 있지만, 그 선이 어떤 식으로 되어 있는지는 모른다. 그러나 평면에서는 선을 인식할 수 있게 되면 선이 어떤 식으로 되어 있는지, 예를 들어 먼 곳까지 쭉 뻗어 있는 선인지, 빙글 돌아 제자리로 돌아올 수 있는 선인지 알 수 있게 된다.

이번에는 3차원(공간) 안에서 그 선을 바라보자. 그 선이 영원히 이어지는 평면 위의 선인지, 띠처럼 생긴 평면 위에 있는 선인지, 아니면 그 띠가 빙글빙글 도는 띠인지, 어딘가에서 앞뒤가 발랑 뒤집어지는 띠(뫼비우스의 띠)인지 전체 모습을 파악할 수 있다.

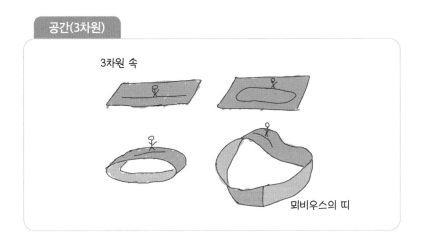

공간(3차원)

3차원 속

뫼비우스의 띠

차원이 높을수록 더 깊고 세세한 부분을 이해할 수 있다는 건 이제 파악했을 것이다. 쇼핑도 마찬가지로 더 자세한 포인트에서 검토를 하면 보이는 것이 달라진다. 하지만 잘 모르기 때문에 재미있는 경우도 있으니 차원의 높낮이에 좋고 나쁜 건 없다. 자신에게 맞는 차원에서 쇼핑을 하는 것이 가장 좋다고 생각한다.

4차원을 이해하고 싶으면 드레스 코드를 맞춰 입고 약속 장소에 간다는 상상을 해 보자.

어떤 사람과 검정색 옷을 맞춰 입고 역 앞에서 만나기로 했다. 만약 드레스 코드를 파란색이라고 착각해서 파란색 옷을 입고 역으로 가면 어떻게 될까? 파란색 옷을 입은 무리만 찾고 있으니 눈앞에 만나기로 한 사람이 있어도 인식하지 못하고 끝날 수도 있다(실제로는 전화를 해서 어떻게든 만났겠지만…).

'색을 구분할 수 있으면 사물의 인식에 대한 시각이 달라진다'라는 생각을 공간에 집어넣으면 4차원 공간을 생각할 수 있게 된다. 예를 들어 이번 계절에 행운을 가져다주는 색깔이 있어서 옷을 사러 갔다. 평소에는 하나부터 열까지 꼼꼼하게 봤던 가게 안에서 한 가지 색깔을 의식하고 있다는 그 상태가 이미 4차원 공간에서 쇼핑을 시작하고 있다는 뜻이다.

앞으로 '차원'이라는 말을 들으면, 쇼핑을 하는 자신의 모습을 떠올리며 친근하게 느끼면 좋겠다.

다케무라 도모코

TOPIC 3

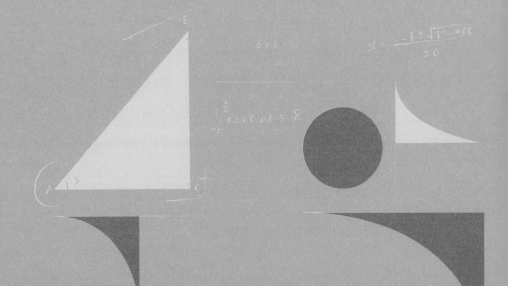

수학적 시선으로 본 스미다가와의 다리

[쾨니히스베르크의 다리]

스미다가와에 걸려 있는 다리의 야경은 아름답기로 유명하다. 불꽃놀이로도 유명한 스미다가와에 걸린 많은 다리는 밤이 되면 예쁘게 불이 켜지는데, 다리의 구조나 색채를 살려 조명을 연출해서 그런지 정말 눈부시다. 오늘은 스미다가와에 걸린 다리를 모두 건너면서 야경을 즐겨보려고 한다. 아사쿠사 역에 내려 스미다가와 쪽으로 향하는 길에는 도쿄 스카이트리의 예쁜 자태가 보인다. 어느 다리부터 건너볼까?

그러고 보니 '쾨니히스베르크의 다리 건너기'라는 유명한 문제가 생각난다. 동프로이센의 도시 쾨니히스베르크(현재의 러시아 연방, 칼리닌그라드)에는 프레겔강이 마을을 크게 가로질러 흐르는데, 그 강에는 7개의 다리가 걸려 있다. 그렇다면 7개의 다리를 모두 한 번씩 지나서 원래 있던 자리로 돌아오는 것이 가능할까?

얼핏 어려워 보이는 문제지만, 따지고 보면 어느 육지와 어느 육지가 다리로 연결되어 있는지가 중요하기 때문에 육지의 크기나 모양, 다리 길이는 아무런 상관이 없다는 걸 알 수 있다. 크기나 모양, 길이에 구애받지 않고, 중요한 것은 그것들이 어떻게 연결되어 있는가이다. 이게 바로 '토폴로지' 사고법이다.

수학자 레온하르트 오일러는 이 토폴로지의 발상으로 쾨니히스베르크의 다리 문제를 해결하려 했다. 하지만 임의로 선택한 다리에서 출발하여 온갖 방법을 동원해도 7개의 다리를 모두 한 번씩 지나 원래 자리로 돌아오기란 불가능했다.

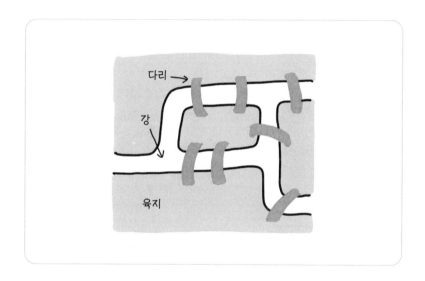

연결이 중요한 건 알겠는데 구체적으로 뭘 어떻게 해야 할까? 일단 그림처럼 지도를 연속적으로 변형시켜야 한다. 그러면 위, 아래, 오른쪽, 중앙에 있는 육지 4개를 7개의 다리가 연결하는 모습을 4개의 점과

7개의 선으로 연결한 '그래프'로 간주할 수 있다.

그러면 7개의 다리를 모두 한 번씩 지나 원래 장소로 돌아온다는 생활 속 문제는 '모든 선을 한 번씩 지나 출발한 점으로 돌아올 수 있는가?'라는 한붓그리기 문제로 바꿀 수 있는 것이다.

이 그래프를 한붓그리기로 그리는 것은 점을 통과하고 선의 순서를 따라가는 모습이 7개의 다리를 한 번씩 지나 원래 장소로 돌아오는 것과 완전히 똑같다. 이렇게 현실에서는 복잡해 보이는 문제를 본질만 꺼내서 단순화하는 것이 수학의 특징이다.

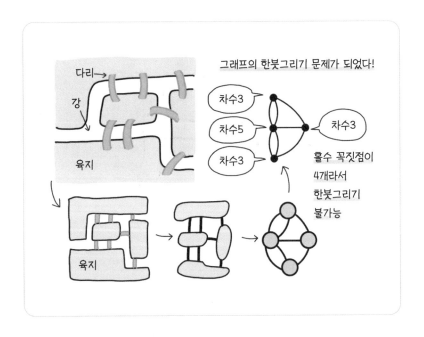

그래프에 보이는 점을 '꼭짓점', 선을 '변'이라고 하고 각 꼭짓점에 모

인 변의 개수를 그 꼭짓점의 '차수'라고 부르겠다(양쪽 끝이 같은 꼭짓점으로 이어져 있는 변은 루프라고 부르며, 두 번 세기 때문에 차수는 2를 더한다). 그리고 차수가 짝수인 꼭짓점을 '짝수 꼭짓점', 차수가 홀수인 꼭짓점을 '홀수 꼭짓점'이라고 부르겠다.

한붓그리기를 할 수 있는 도형은 어떤 성질을 가졌을까? '그래프의 모든 꼭짓점이 짝수 꼭짓점(즉, 홀수 꼭짓점이 0개)이다'를 만족해야 한다. 한 붓그리기를 할 때, 한 변을 지나 어떤 꼭짓점으로 들어간 후에는 반드시 그 꼭짓점에서 다른 변을 통해 밖으로 나가기 때문에 꼭짓점을 한 번 지날 때마다 그 꼭짓점의 차수는 2씩 늘어난다(꼭짓점은 통과만 하고 같은 변을 지나지 않는다).

제일 처음에 출발하는 꼭짓점을 예외로 볼 수 있는데, 처음에는 꼭짓점에서 나가기만 하기 때문에 차수는 1이다. 만약 중간에 그 꼭짓점을 몇 번 지나간다 하더라도 차수가 2씩 늘어나기 때문에 처음에 갖고 있던 1을 더해서 계속 홀수지만, 마지막엔 반드시 출발 지점으로 돌아와야 하기 때문에 차수가 1이 늘어나 짝수가 되고, 그 결과 모든 꼭짓점은 짝수 꼭짓점이라는 사실을 알 수 있다.

위의 분석을 염두에 두고 쾨니히스베르크의 다리 문제를 보면, 지도를 간략화한 그래프의 꼭짓점 차수는 3, 3, 3, 5이며 홀수 꼭짓점이 4개나 된다. 따라서 7개의 다리를 모두 한 번씩 지나 원래 장소로 돌아오기란 불가능하다.

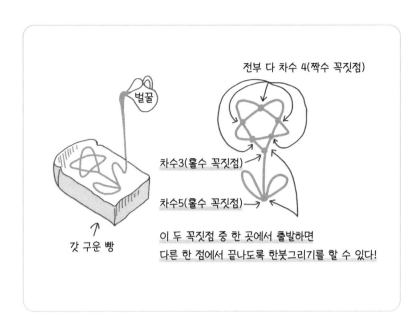

전부 다 차수 4(짝수 꼭짓점)

벌꿀

차수3(홀수 꼭짓점)→

차수5(홀수 꼭짓점)→

이 두 꼭짓점 중 한 곳에서 출발하면
다른 한 점에서 끝나도록 한붓그리기를 할 수 있다!

↑
갓 구운 빵

참고로 '원래 장소로 돌아온다'라는 제약을 붙이지 않고 생각해 보자. 출발점과 도착점이 달라도 괜찮기 때문에 홀수 꼭짓점이 딱 2개 있는 경우에는 홀수 꼭짓점 하나에서 출발하여 다른 홀수 꼭짓점으로 들어가는 한붓그리기가 가능해진다.

실제로 해보지 않아도 꼭짓점의 차수만 보고 한붓그리기를 할 수 있는지 판정을 내릴 수 있다니, 왠지 뿌듯해지지 않는가?

빵에 꿀을 뿌릴 때나 오므라이스에 케첩으로 그림을 그릴 때, 한붓그리기로 그림을 그려 보면 재미있을 것 같다.

그 밖에도 쓰레기 수거차가 지나는 루트를 생각해 보자. 동네에 있는 집을 전부 다 들러야 하기에 모든 길을 통과해야 하는데, 같은 길을 지

나가는 것은 시간 낭비다. 길을 한 번에 전부 다 돌 수 있는 방법은 없을까?

만약 T자 도로처럼 홀수 꼭짓점인 교차점이 없고 모든 교차점이 짝수 꼭짓점인 마을이라면 모든 길을 한 번씩만 지나 수집소로 돌아오는 루트가 존재한다는 걸 예측할 수 있을 것이다.

이제 그래프의 한붓그리기에서 힘을 발휘했던 토폴로지 사고법을 알아보자. 친숙한 예로 전철 노선도를 들 수 있다.

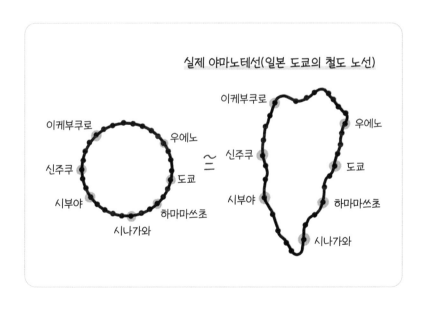

실제 야마노테선(일본 도쿄의 철도 노선)

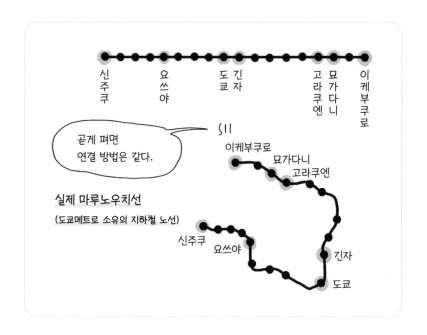

신주쿠 요쓰야 도쿄 긴자 고라쿠엔 묘가다니 이케부쿠로

곧게 펴면
연결 방법은 같다.

실제 마루노우치선
(도쿄메트로 소유의 지하철 노선)

이케부쿠로
묘가다니
고라쿠엔
신주쿠
요쓰야
긴자
도쿄

야마노테선은 실제 지도로 보면 남북으로 뻗은 역삼각형 모양인데, 토폴로지 관점에서 보면 같은 모양이라고 할 수 있는 원으로 노선도가 그려져 있다. 마루노우치선은 이케부쿠로에서 신주쿠까지 'ㄷ'자를 뒤집은 것처럼 구부러져 있는데, 노선도로 보면 일직선으로 그려져 있다(나열된 역만 봤을 때, 이케부쿠로와 신주쿠는 야마노테 선을 이용하면 10분도 채 걸리지 않을 정도로 가깝다는 걸 믿기 어렵지 않을까).

토폴로지는 위상수학을 가리키는 말인데, '부드러운 기하학'이라 불리는 경우도 많다. 모든 것은 고무 막처럼 흐물흐물 부드럽게 변형할 수 있으며, 떼어 내거나 붙이지 않고 연속적으로 변형한 것은 모두 '같은 것'으로 간주한다.

중학교 때 '합동'이나 '닮음'을 배웠을 것이다. 합동은 정확히 겹쳐져야 하기 때문에 조건이 매우 까다로운 '같음'이다. 합동의 법칙을 살짝 풀어서 모양만 같으면 크기 차이는 상관없었던 것이 '닮음'이었다.

그럼에도 모양이 조금만 다르면 자격 박탈이니 이 또한 꽤나 까다로운 조건 아닐까? 하지만 토폴로지 세계에서 '같음'은 합동이나 닮음을 생각하면 조건이 매우 유연하다. 흐물흐물 늘리거나 줄여도 괜찮기 때문에 각도나 길이, 넓이는 신경 쓰지 않는다.

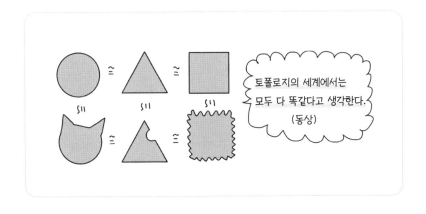

'그게 다 '같음'이면 무슨 의미가 있나?' 이런 의문이 들 수도 있는데, 이렇게 '같음'의 조건이 관대해도 변함없이 지켜지는 성질에 주안점을 두는 것이 토폴로지의 묘미다.

각도도, 길이도, 넓이도 모두 변하지만 그 안에서 굳건히 지켜지는 것

175

은 무엇일까? 궁금한 분들을 위해 뒷부분의 간식 시간에 대답을 준비해
놨다.

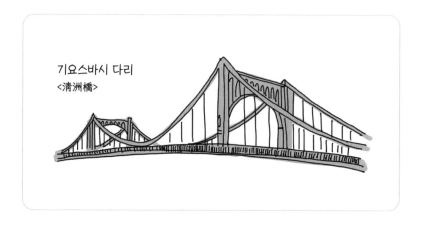

기요스바시 다리
<清洲橋>

다시 다리 이야기로 돌아가자. 스미다가와에 걸린 다리 중 하나인 기
요스바시는 독일의 퀼른에 위치한 라인 강에 걸린 현수교 '힌덴부르크 다
리'를 모델로 해서 간토 대지진의 부흥 사업으로 건설되었다. 모델이 된
힌덴부르크 다리는 제2차 세계대전 때 파괴되어 현재는 완전히 새로운
모양으로 다시 태어났는데, 기요스바시는 지금도 아름다운 곡선을 뽐내
며 우리의 눈을 즐겁게 해 준다(현재는 국가의 중요 문화재로 지정되었다).

이 현수교 곡선의 아름다움에도 물론 수학이 숨어 있다. 현수교의 곡
선은 중학교나 고등학교에서 배운 '포물선', 목걸이를 찰 때 양쪽 끝을
들고 자연스럽게 늘어뜨리면 생기는 곡선인 '카테너리catenary(현수 곡선)'
와 관련이 있다.

카테너리는 목걸이뿐 아니라 송전선이나 거미줄 등 우리 주변 곳곳에서 찾아볼 수 있고, 다양한 식물 뿌리의 윤곽이 카테너리와 일치한다는 사실도 알려져 있다.

또한 역학적으로 안정된 구조를 만들어 내는 곡선이기 때문에 건축물에도 많이 쓰이고 있다. 건축가 가우디도 카테너리를 도입해서 사그라다 파밀리아 타워 등을 설계했다.

산책을 나가면 다양한 장소에서 카테너리를 꼭 찾아보자. 나는 슬슬 곡선을 감상하러 기요스바시로 산책이나 나가 볼까 한다.

오야마구치 나쓰미

STORY 23 무한은 어디까지일까?

[힐베르트 호텔]

눈이 말똥말똥 잠이 오지 않는 밤에는 양의 수를 세어보자. 어디선가 들어 본 이야기겠지만, 실제로 세어 본 적이 있지 않은가? 눈을 감고 머릿속으로 양이 한 마리, 양이 두 마리…. 왠지 어둠 속에 오른쪽에서 왼쪽으로 양이 한 마리씩 뛰어가는 이미지가 그려진다. 세고 있는 한 영원히 양이 무한하게 등장하는 모습이 펼쳐진다. 그런데 왜 하필 양일까?

찾아보니 'sleep'과 'sheep'의 발음이 비슷하다는 이유로 영어권에서 널리 퍼졌다고 한다. 게다가 sheep을 발음할 때는 깊게 숨을 내쉬기 때문에 반복하다 보면 이완 효과가 생겨서 잠이 잘 온다는 것이다.

잠이 오지 않을 때 양을 세는 이 행위, 생각해 보면 상당히 특이하다. '잠 못 드는 밤, 영원히 튀어나오는 양의 수 세기'는 무수히 많은 양을 세는 것이다. 일상생활 속에서는 보통 무한히 있는 것을 셀 일이 없다. 그런데 이 예에서는 당연하듯 무한한 수의 양을 한 마리, 두 마리 세는 것이다.

이 무한히 존재하는 것에 순서대로 번호를 매기는 사고법과 관련하여 재미난 에피소드가 있다. 19세기에서 20세기에 걸쳐 활약했던 힐베르트라는 독일의 수학자가 고안해 낸, 방이 무한히 있는 공상 속 호텔이야기다.

먼저 안이 들여다보이지 않는 호텔을 상상해 보자. 그 힐베르트 호텔에는 방이 무한히 존재하는데, 방에는 1, 2, 3, …으로 번호(자연수)가 매겨져 있다.

힐베르트 호텔

방이 무한히 있어!

어느 날 빈방이 없던 날에 예약하지 않은 손님이 한 명 불쑥 찾아왔다. 보통 방의 수가 한정되어 있는 호텔이라면 빈방이 없으니 숙박할 수 없다(혹은 다른 손님과 방을 같이 쓰는 수밖에 없다).

하지만 힐베르트 호텔에는 방이 무한하게 있다. 호텔 지배인은 당황한 기색도 없이 이렇게 말했다.

"지금 계신 손님들은 방 번호가 하나 큰 방으로 옮기게 하겠습니다. 1호실 손님은 2호실로, 2호실 손님은 3호실로 이동하면 1호실이 비니까 손님은 거기서 주무시면 되겠네요."

힐베르트 호텔에만 있는 해결법이다.

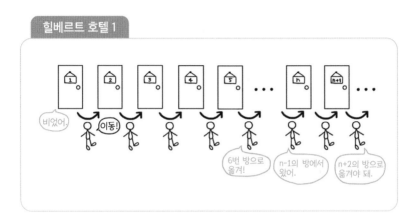

힐베르트 호텔 1

그런데 안심을 하기엔 이르다. 얼마 지나지 않아 호텔 바로 앞에 있는 역에 무한한 길이의 만원 열차가 도착했고, 그 안에 탄 무한의 승객들이 힐베르트 호텔에 숙박하고 싶어 했다. 열차의 좌석에도 1부터 순서대로 번호가 매겨져 있다.

지배인은 잠시 고민하더니 이렇게 말했다.

"지금 계신 손님은 자신의 방 번호에 2를 곱한 방으로 이동해 주시기 바랍니다. 1호실 손님은 2호실로, 2호실 손님은 4호실로, n호실 손님은 2n호실로 옮기면 홀수 방이 비게 되죠. 열차 승객분들은 비어 있는 홀수 번호 방에서 주무시면 되겠습니다."

이렇게 해서 다행히도 이미 빈방이 없었던 호텔에 열차에서 온 무한 승객들이 묵을 수 있게 됐다.

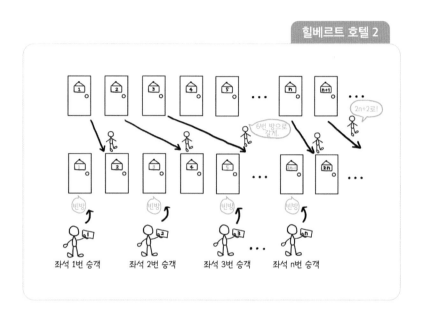

그런데 이번에는 무한 대, 무한 길이의 만원 버스가 와서 그 승객들 전원이 호텔에 묵겠다고 한다. 이게 무슨 일인가. 지배인은 버스를 그림처럼 나란히 주차시키고, 그 안에 승객을 일렬로 세운 후 번호를 매겼다.

"승객 여러분들은 새 번호순으로 1호 차에 옮겨 타시기 바랍니다."

그렇게 해서 1호 차는 만석이 되었고, 2호 차 이후의 버스는 비게 되었다.

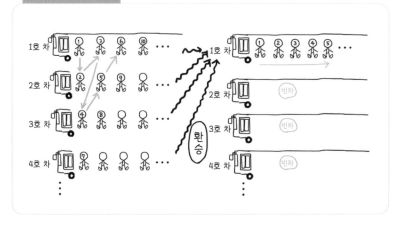

이렇게 상황은 앞에 나온 열차의 예와 똑같아졌으니 1호 차에 무한히 있는 손님은 두 번째 에피소드와 마찬가지로 빈방이 없는 호텔에 묵을 수 있게 됐다.

지금 소개한 '힐베르트 호텔'의 세 번째 에피소드는 살짝 어려웠을 수도 있는데, 두 번째 에피소드까지는 그림을 보면 이해할 수 있을 것이다. 그림은 모두 초반 부분만 그려져 있는데, 그거면 충분하다. 여기서는 초반 부분부터 수를 셀 수 있다는 사실만 알아두면 된다.

그런데 애초에 '수를 센다'는 건 무엇일까?

머나먼 옛날, 인류가 탄생했을 때는 그들에게 수라는 개념이 존재하지 않았다. 처음에 수렵이나 채집을 하며 살았던 시절에는 자신과 동료들이 먹고 살기 충분한 음식만 있으면 됐다.

그런데 현대에도 숫자를 쓰지 않는 민족이 있는가 하면, 2나 3 정도까지는 숫자를 사용하지만 그 이상은 '많다'라고만 표현하는 민족이 있다고 한다.

왜 그들은 곤란하지 않을까? 물론 그만큼 많은 물건을 다루지 않는 생활을 하는 것일 수도 있겠지만, 그중에는 가축을 몇백 마리나 기르는 데 숫자를 쓰지 않는 부족도 있다고 한다. 그들은 놀랍게도 몇백 마리나 되는 가축을 하나하나 구별해서 인식하고 기억한다고 한다.

일대일 대응과 숫자

확실히 가축에도 각각 얼굴과 몸의 특징이 있을 테니 그 특징을 잡아서 가축에게 이름을 붙이면 숫자를 파악하지 않아도 '아니, 얼룩 반점이 없네?'라는 식으로 인식할 수 있다. 또한 가족이 먹을 생선을 잡아 왔다고 할 때, 생선 하나하나를 구별하지 않아도 가족의 일원을 떠올리며 생선을 한 마리씩 할당하면 숫자를 쓰지 않아도 된다.

하지만 다른 집단과 물물교환이나 매매를 하거나 누군가에게 부탁해 일을 처리하는 등 사람들이 고도화된 생활을 시작하게 되면, 속지 않고 정확히 사물을 파악하기 위해서는 단순히 기억에 의존하는 것만으로는 부족하다.

그러던 중에 기록을 남기는 방법을 생각해 냈다. 가끔 운동선수들로부터 '기록보다 기억에 남는 선수'가 되고 싶다는 표현을 종종 듣는데, 여기서는 그야말로 필요에 의해 '기억보다 기록'이 중요한 것이다.

실제로 아프리카에서는 막대기나 뼈에 칼자국을 새기거나 끈으로 매듭을 만드는 방법으로 기록을 남겼다는 사실이 확인되었고, 바빌로니아 (현재의 이라크 주변)에서는 6000년 전에 살던 농민들이 특별한 점토 모양을 만들어서 거래 기록으로 썼다는 사실이 알려져 있다. 이 점토 모양은 점토판에 쐐기 모양 문자를 써서 기록하는 방식으로 발전했다.

그러고 보니 우리가 무언가를 집계할 때 사용하는 '正(바를 정)'이라는 한자가 있다. 마지막에는 '正'의 획수인 5의 곱셈으로 집계하는데, 중간까지는 점토판에 기록하는 방식과 거의 다름이 없다. 덧붙이자면, 숫자를 쓰든 쓰지 않든 항상 하는 일 자체는 같다. '일대일 대응'을 생각하고 있는 것뿐이다.

예컨대 앞서 가족이 먹을 생선을 잡아 온다는 이야기를 했다. 숫자를 모르는 민족은 잡아 온 생선 한 마리 한 마리를 가족 구성원들과 대응시키는 반면, 우리는 '자연수'를 이미 알기 때문에 사물을 셀 때 자연수와 사물을 일대일 대응시키고 있는 것뿐이다.

이 사고법은 그 집합(사물의 집단)이 유한개로 이루어져 있든 무한개로 이루어져 있든 상관없이 집합에 얼마나 포함되어 있는가를 조사하거나 비교할 때도 응용할 수 있다.

집합 안에 있는 것끼리 '일대일 대응이 되는가'를 생각해서 대응이 되면 같은 크기(양), 그렇지 않으면 한쪽이 크다(많다)는 식으로 생각할 수 있는 것이다.

초등학교 운동회에서 바구니에 공 넣기를 한 적이 있을 것이다. 혹 경험은 없어도 경기가 끝난 후에 공을 셀 때, 백팀과 청팀 선생님이 입을 모아 숫자를 세며 바구니에 들어있는 공을 동시에(이것이 일대일 대응) 꺼내서 던지던 모습을 떠올릴 수는 있을 것이다. 한 팀의 공이 다 떨어지면 아직 공이 남아 있는 팀의 승리. 즉, 이긴 팀 바구니에 들어있는 공의 개수가 더 많다는 걸 알 수 있다.

무한 집합의 경우는 어떨까? 앞서 나온 힐베르트 호텔의 두 번째 에피소드를 떠올려 보자.

1호실 사람을 2호실로, 2호실 사람을 4호실로, 이렇게 자연수를 짝수에 대응시킴으로써 홀수 호실 방을 빈방으로 만들고, 거기에 무한히 있는(좌석 번호가 자연수인 열차에 탄) 승객을 묵게 할 수 있었다. 그러니까 방을 비울 때는 자연수와 짝수를, 무한히 있는 승객을 묵게 할 때는 자연수와 홀수를 일대일 대응시켰다. 이런 식으로 계속 일대일 대응이 가능하다는 말은 무슨 뜻일까? 그렇다. 수학에서는 자연수 전체의 집합과 짝수 전체의 집합, 홀수 전체의 집합을 모두 같은 크기(양)의 무한으로 간주한다. 자연수도, 짝수도, 홀수도 모두 양이 똑같다니…. 다소 긴 내용이라 양을 셀 때보다 빨리 잠이 온 사람들도 있을 것 같으니 이제 슬슬 이야기를 마무리해 보려고 한다.

여기서는 말하지 않았지만 사실 정수나 유리수는 자연수와 양이 같고, 실수는 자연수보다 더 많다는 사실을 수학적으로 증명할 수 있다. 의욕이 있는 분들은 관련 자료를 찾아보기 바란다.

 사카이 유키코

3명 중 최강자를 가려라!

　　두 개의 팀이 시합을 벌이거나 혹은 두 사람이 겨루어 승자가 정해지는 스포츠를 생각해 보자. 축구, 탁구, 테니스, 스모, 야구 같은 종목이다.

　　이러한 스포츠 세계 대회에는 여러 나라의 팀들이 참가하여 우승자를 가린다. 대회마다 대전 방식이 달라서 리그를 하기도 하고 토너먼트를 치르기도 한다. 또는 예선에서는 리그를 하지만 본선에 오르면 토너먼트를 하기도 하고 방식은 다양하다. 대회에 따라서는 미리 추첨을 하기 때문에 그 결과에 따라 웃거나 우는 팀도 있을 것이다.

　　먼저 두 팀이 결승에서 만나 대결하는 경우를 생각해 보자.

　　두 팀에서 우승자를 가리는 방법이야 그 두 팀이 싸워서 이긴 쪽이 우승이니까 누구나 알 것이다.

　　그럼 세 팀이 결승에서 싸우는 것은 어떨까?

　　예를 들어 예선은 총 세 개의 조에서 치렀고, 각 조에서 살아남은 한 팀이 본선에 진출하는 것이다. 이때 세 팀이 올라오면 어떤 식으로 우승 팀을 정하면 좋을까? 어떤 순서로 싸워야 할까? 여러분이라면 어떻게 할 것인가?

스모에 '파전巴戰'이라고 하는 우승자 결정 방식이 있다. 세 사람 중에 두 사람이 먼저 시합을 하고, 이후 그 승자와 싸우지 않은 한 사람이 시합을 한다. 이런 식으로 승자가 또 다른 선수와 시합하기를 반복해서 2연승을 하는 선수가 있을 경우, 그 선수를 우승자로 정하는 방법이다. 그러니까 우승한 선수는 자신 이외의 두 사람과 그 직전 싸움에서 각각 연승을 한 사람이다. 이 우승자 결정 방식이 좋아 보일지도 모르겠다. 리그전에서 생각하는 것과 마찬가지로 '다른 두 사람에게 이겼으니 가장 강하다!' 이렇게 생각할 수도 있다.

그런데 사실 이 결정 방식에서는 반드시 가장 강한 사람이 이긴다고 볼 수 없다.

A, B, C가 우승 후보라고 하자. 세 사람의 힘의 세기는 각각 10, 10, 11이다. 그러니까 A와 B의 힘이 같고, C는 A와 B보다 조금 더 강하다. A와 C의 힘의 세기는 10과 11이므로 10+11=21을 기본으로 둔다. A와 C가 싸우면 $\frac{10}{21}$의 확률로 A가 이기고, $\frac{11}{21}$로 C가 이긴다. B와 C도 똑같은 확률로 승패가 갈린다고 하자. A와 B는 힘이 같으니 각각 이기거나 질 확률은 $\frac{1}{2}$이다.

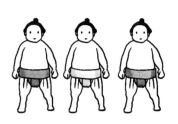

스모의 파전에서는 제비뽑기로 첫 시합에 싸울 선수를 정한다. A와 B가 제비뽑기로 첫 시합을 하게 되었다고 하자. 이때 C가 우승할 확률은 어떻게

될까? 힘의 균형으로 말하자면 C가 가장 강하니까 C가 우승할 확률이 크다고 예상할 수 있는데, 실제로는 어떨까?

우승 후보자　　A　　B　　C

힘의 세기　10　　10　　11

A와 B가 싸우면 $\dfrac{10}{10+10} = \dfrac{1}{2}$ 로 A가 이긴다.

$\dfrac{1}{2}$ 로 B가 이긴다.

A와 C가 싸우면 $\dfrac{10}{10+11} = \dfrac{10}{21}$ 로 A가 이긴다.

$\dfrac{11}{10+11} = \dfrac{11}{21}$ 로 C가 이긴다.

B와 C가 싸우면 $\dfrac{10}{10+11} = \dfrac{10}{21}$ 로 B가 이긴다.

$\dfrac{11}{10+11} = \dfrac{11}{21}$ 로 C가 이긴다.

첫 시합에서 A와 B가 싸우게 됐을 때를 생각하기

C가 우승할 확률 생각하기

　　C가 이길 확률은 31%로, C가 가장 강함에도 불구하고 이길 확률이 $\dfrac{1}{3}$(약 33%)보다 낮다. 이것이 바로 첫 시합에서 싸우는 것이 유리하게 작용하는 경우다. 3명 중 두 명이 싸워 누가 가장 강한지를 결정하는 것은 사실 쉽지 않다. '운도 실력'이라는 말이 괜히 있는 게 아니다.

대진 결과를 다음 표에 정리한다.

이긴 쪽에 ◯ 를 그려넣는다.

1차전	2차전	3차전	
Ⓐ → A			
B	C		

1차전에서 A가 이겼다.

이긴 A가 2차전에 올라가 C와 맞붙는다.

1차전	2차전	3차전	
Ⓐ	A		
B	Ⓒ		

1차전에서 A가 이기면 A가 2연승을 해서

A의 우승이 되므로 2차전에서 C가 반드시 이겨야 한다.

1차전	2차전	3차전	
Ⓐ	A	B	
B	Ⓒ → C		

2차전에서 이긴 C는 3차전에서 B와 맞붙는다.

3차전에서 C가 이기면 C의 우승으로 결정된다.

1차전	2차전	3차전	4차전	5차전	6차전	
Ⓐ	A	Ⓑ → B		Ⓒ → C		
B	Ⓒ	C	Ⓐ → A		B	

만약 3차전에서 B가 이겼다고 하자.

그러면 4차전에서 B와 A가 싸운다.

C가 우승하기 위해서는 4차전에서 A가 이기고

5차전에서 A와 C가 싸워 C가 이긴 후

6차전에서 B와 C가 싸워서 C가 이겨야 한다.

C가 우승 가능한 시합은

3차전, 6차전, 9차전…으로 3의 배수일 때!

각각 확률을 생각해 보자.

3차전에서 C가 우승할 확률 구하기

①
1차전	2차전	3차전	
A	A	B	
B	C	C	

②
1차전	2차전	3차전	
A	C → C		
B → B	A		

①과 ②는 A와 B만 바뀌었다.

$$① \quad \frac{1}{2} \times \frac{11}{21} \times \frac{11}{21} = \frac{1}{2} \cdot \left(\frac{11}{21}\right)^2$$
$$\text{1차전 2차전 3차전}$$

$$② \quad \frac{1}{2} \times \frac{11}{21} \times \frac{11}{21} = \frac{1}{2} \cdot \left(\frac{11}{21}\right)^2$$

$$① + ② = \left(\frac{11}{21}\right)^2$$

6차전에 C가 우승할 확률은

1차전	2차전	3차전	4차전	5차전	6차전
A	A	B → B		C → C	
B	C	C	A → A		B

$$\frac{1}{2} \times \frac{11}{21} \times \frac{10}{21} \times \frac{1}{2} \times \frac{11}{21} \times \frac{11}{21} = \left(\frac{1}{2}\right)^2 \times \frac{10}{21} \times \left(\frac{11}{21}\right)^3$$

이것은 A와 B를 바꿔서도 생각할 수 있으므로

$$\left(\frac{1}{2}\right)^2 \times \frac{10}{21} \times \left(\frac{11}{21}\right)^3 + \left(\frac{1}{2}\right)^2 \times \frac{10}{21} \times \left(\frac{11}{21}\right)^3 = \frac{1}{2} \times \frac{10}{21} \times \left(\frac{11}{21}\right)^3$$

마찬가지로 조금 힘들겠지만

9차전에서 C가 우승할 확률은

$$\left(\frac{1}{2}\right)^2 \times \left(\frac{10}{21}\right)^2 \times \left(\frac{11}{21}\right)^4 \quad \text{가 되고}$$

구하려고 했던 C가 우승할 확률은

$$\left(\frac{11}{21}\right)^2 + \frac{1}{2} \times \frac{10}{21} \times \left(\frac{11}{21}\right)^3 + \left(\frac{1}{2}\right)^2 \times \left(\frac{10}{21}\right)^2 \times \left(\frac{11}{21}\right)^4 + \cdots$$

$$\left(\text{초항} \left(\frac{11}{21}\right)^2, \quad \text{공비} \ \frac{1}{2} \times \frac{10}{21} \times \frac{11}{21} , \quad \right)$$

무한등비급수의 합

$$= \frac{\left(\frac{11}{21}\right)^2}{1 - \frac{1}{2} \times \frac{10}{21} \times \frac{11}{21}}$$

$$= \frac{242}{882 - 110} = \frac{242}{772}$$

$$= \frac{121}{386}$$

약 31%

다케무라 도모코

STORY 25 케이크를 정확히 삼등분하는 방법

[삼각비]

홀케이크를 커팅하는 순간을 꽤 좋아한다. 아마 홀케이크는 누군가를 축하하는 날에 많이 사겠지만, 케이크를 자르면 행복을 다 같이 나누는 것 같아서 왠지 기분이 좋아진다. 자취하는 사람이나 가족이 적은 사람은 홀케이크를 살 기회가 많이 없을지도 모르겠지만, 인생에는 홀케이크나 동그란 과자를 $\frac{1}{3}$이나 $\frac{1}{6}$로 자르는 상황이 올 때가 종종 있다.

절반, 그리고 또 절반, $\frac{1}{4}$나 $\frac{1}{8}$로 자를 때와 다르게 $\frac{1}{3}$이나 $\frac{1}{6}$로 등분하기는 살짝 어렵다. 그럴 때 도움이 될 한 가지 방법을 소개하겠다.

① 먼저 그림과 같이 케이크 중심에서 시작해 바깥쪽으로 자른다.

② 케이크의 중심에서부터 바깥쪽 테두리 사이의 중점을 눈대중으로 짚어낸다.

③ 중점을 수평으로 지나는 직선이 잘라 놓은 곳과 수직이 되도록 머릿속으로 그리고, 그 직선과 케이크의 테두리가 만나는 곳에 표시를 한다(2군데가 생긴다).

④ 이제 중심에서 각각 표시한 곳을 향해 자르면 3등분 완성.

193

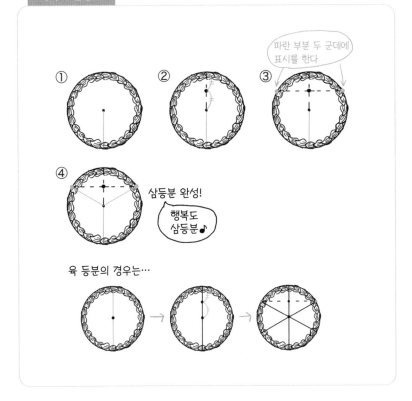

어떻게 이게 가능할까?

그것은 삼각비 덕분이다. 여러분은 삼각비나 삼각함수라는 말을 들어 본 적이 있을 것이다. 그렇다. 사인^{sin}, 코사인^{cos}, 탄젠트^{tan}다.

이 용어가 나오는 순간 눈살을 찌푸리는 사람이 있을지도 모르겠지만, 이 삼각비나 삼각함수는 중·고등학교에서 배우는 수학 단원 중에서도 특히 우리 생활 곳곳에서 활용되는 개념이다.

삼각비가 피라미드 시대부터 오랫동안 측량에 도움이 되어 왔다는 사실은 교과서에도 실려 있는 유명한 에피소드이고, 현대에도 목수들은 매일 사용한다고 한다. 게다가 삼각함수는 물리의 세계를 비롯하여 데이터 해석 등 과학의 여러 분야에서 활용되고 있다. 여기서는 삼각함수 이야기까지는 하지 않고 삼각비, 특히 삼각자 지식으로 케이크 삼등분이 가능했던 이유를 설명하려고 한다.

먼저 삼각비 이야기를 살짝 하겠다. 삼각비의 한 가지 포인트는 직각삼각형에서 직각 말고 다른 한 각을 정하면, 삼각형의 모양이 정해진다는 것에 있다. 예를 들어 아래 그림에 큰 삼각형 ABC와 작은 삼각형 ADE가 그려져 있는데, 이 두 삼각형은 크기가 다르지만 모양이 똑같다는 걸 알 수 있다.

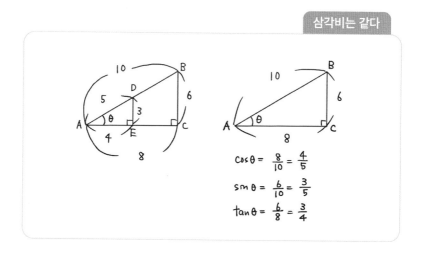

$$\cos\theta = \frac{8}{10} = \frac{4}{5}$$

$$\sin\theta = \frac{6}{10} = \frac{3}{5}$$

$$\tan\theta = \frac{6}{8} = \frac{3}{4}$$

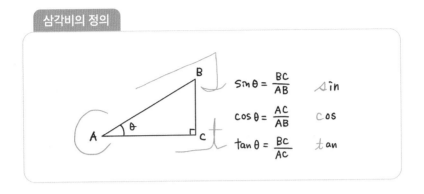

이처럼 확대나 축소를 했을 때 닮음 관계에 있는 도형을 '닮은꼴 도형'이라고 하고, 닮은꼴 삼각형은 세 변의 길이의 비가 같다(그래서 모양이 같다). 특히 직각삼각형의 세 변 중에서 두 변의 비를 '삼각비'라고 한다. 직각삼각형의 경우는 직각 말고 다른 한 각의 크기가 정해지면 삼각형 모양이 정해지므로(세 변의 길이의 비도 정해진다), 결국 삼각비는 그림의 θ에 따라 정해진다고 할 수 있다.

실제로 직각삼각형이 있는 경우, 사인, 코사인, 탄젠트라 불리는 삼각비는 위의 그림과 같이 구할 수 있다. 이 정의와 앞에서 나온 '삼각비는 같다' 그림을 보면, θ가 공통하는 직각삼각형(닮은꼴)에 대해서는 삼각형의 크기와 상관없이 삼각비가 같다는 사실을 알 수 있다.

이번에는 삼각자에 나오는 30°와 60°의 각을 가진 직각삼각형에 대해 생각해 보자.

이 직각삼각형은 정삼각형을 이등분해서 생기는 특별한 삼각형이다. 따라서 그림과 같이 사잇각이 60°인 두 변의 길이는 2:1 관계에 있다 (AB는 원래 있던 정삼각형의 한 변, BC는 그 절반의 길이다).

이제 여러분은 여기까지 나온 정보를 가지고 sin30°를 계산할 수 있을 것이다.

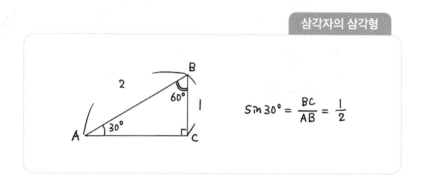

그렇다. 정답은 $\frac{1}{2}$이다. 반대로 이처럼 변의 비가 2:1이 되는 직각삼각형을 생각하면 30°를 작도할 수 있다. 이것이 서두에서 홀케이크를 삼등분, 육 등분할 수 있었던 원리다.

원의 중심은 360°이므로 삼등분할 때는 중심 각도가 120°인 부채꼴로 잘라야 한다. 120°란 직각인 90°보다 30°가 더 넓다는 관점으로도 생각할 수 있다. 케이크 안에 30°와 60°의 각을 가지는 직각삼각형을 그릴 수 있다면, 60°를 가지는 꼭짓점과 원의 중심을 잇는 직선으로 케이크를 잘랐을 때 삼등분을 할 수 있다는 뜻이다.

197

그렇다면 어떻게 이 삼각형을 그릴 수 있을까? 직각삼각형의 빗변이 원의 반지름이라는 것에 주목하면, 그 절반 길이를 그림과 같이 잡아서 직각삼각형을 그릴 수 있다(삼각비, $\sin 30° = \frac{1}{2}$을 쓰는 것에 대응한다).

3등분의 원리

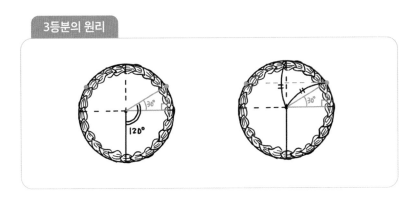

이제 케이크를 삼등분, 그러니까 $\frac{1}{3}$씩 자를 수 있게 되었다. 얘기가 나온 김에, 앞에서 언급한 내용과 이어지는 $1 = 0.999\cdots$라는 식에 대해서도 설명하겠다.

앞서 설명했듯이 무한히 이어지는 순환 소수는 반드시 분수의 형태로 나타낼 수 있고, 마찬가지로 분수 역시 무한히 이어지는 순환 소수의 형태로 반드시 나타낼 수 있다. 따라서 $\frac{1}{3}$도 실제로 1 나누기 3을 계산하면 $\frac{1}{3} = 0.333\cdots$이라는 형태로 쓸 수 있다. 그리고 이 식의 양변에 3을 곱하면 역시 $1 = 0.999\cdots$라는 식을 얻을 수 있다.

이제 실제로 1 나누기 3을 계산했을 때 $\frac{1}{3} = 0.333\cdots$이 된다는 건 알겠다. 그런데 $1 = 0.999\cdots$라는 식을 보면 왠지 모르게 찝찝하다. $\frac{1}{3}$로 자른 케이크를 3개 합치면 원래대로 돌아오는데, 그걸 소수로 바꿨더니 0.999…가 나온다니, 왠지 원래보다 작아 보이는 인상을 지울 수가 없다. 아니면 $\frac{1}{3} = 0.333\cdots$ 자체가 이상한 건가?

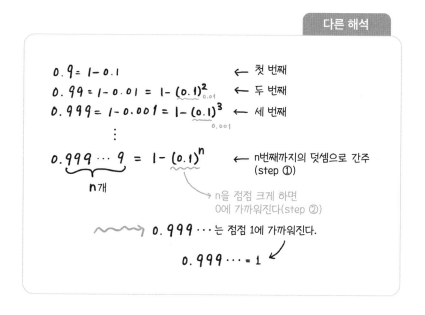

사실 이 찝찝함은 식의 표기법 때문에 생기는 것이다. 물론 $1 = 0.999\cdots$ 는 옳은 식이지만, 그 뜻은 '0.999…로 무한히 9가 이어지는 소수는 자릿수를 점점 늘려 가면 한없이 1에 가까워진다'라는 것을 나타낸다.

앞에서 살펴보았던 무한히 계속되는 덧셈을 생각해 보면 대충 이해할 수 있을 것이다.

여기서는 케이크 삼등분, 삼각비처럼 3이라는 숫자가 많이 나왔다.

참고로 홀케이크의 사이즈인 4호, 5호, 6호는 3을 곱하면 케이크의 지름 길이가 나온다. 즉, 4호는 지름이 12㎝, 5호는 지름이 15㎝, 6호는 지름이 18㎝다. 누군가와 행복을 나누는 홀케이크를 살 때 기억해 두면 참고가 되겠다.

여담이지만, 나는 케이크를 딱 한 조각만 사는 것을 마다하지 않는 사람이다. 평소에 열심히 일한 나에게 꼭 먹고 싶은 그 케이크 한 조각을 사는 행위가 나에게 주는 선물이라는 특별한 느낌이 담겨 있어서 호사를 누리는 듯한 기분이 든다. 물론 다 같이 그 맛을 나누는 것도 또 다른 행복이긴 하지만 말이다.

 사카이 유키코

STORY 26 초지일관, 이대로 괜찮은가?

[몬티 홀 문제]

탈출 게임을 하는데 눈앞에 문이 3개 있고, 3개의 문 앞에는 다음과 같은 규칙이 적혀 있다.

* 당신의 운을 시험해 보세요.

* 눈앞에는 목적지로 데려다주는 문이 딱 하나 있습니다.

* 하나를 골라서 앞으로 갈 수 있습니다.

탈출 게임

이 중에 목적지로 갈 수 있는 문이 있다.

[문 선택 방법]

1) 원하는 문을 선택하세요.

2) 당신이 고르지 않았던 나머지 문 2개 중에 목적지로 갈 수 없는 문을 가르쳐 드리겠습니다.

3) 당신은 처음에 고른 문으로 나가도 좋지만, 고르지 않았던 문으로 선택을 바꿀 수도 있습니다.

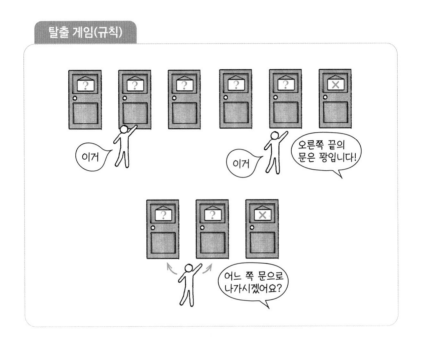

탈출 게임(규칙)

당신이 목적지로 가고 싶다면 3)에서 처음에 골랐던 문으로 나가는 게 좋을까? 아니면 고르지 않았던 다른 문으로 선택을 바꿔서 나가는 게 좋을까?

처음에 고른 문이나 고르지 않았던 문이나 목적지로 갈 확률은 어차피 똑같지 않을까? 그런 생각이 들겠지만 사실 고르지 않았던 문이 목적지로 갈 수 있는 확률이 높다.

전략적으로 처음에 골랐던 문을 마지막까지 바꾸지 않을 것인지(초지일관형), 마지막에 다른 문으로 선택을 바꿀 것인지(심기일전형) 고를 수 있다면 당신은 어느 쪽 전략을 취하겠는가?

먼저 초지일관형 전략을 살펴보겠다.

초지일관형

각 문을 ABC로 둔다.

목적지로 갈 수 있는 문을 A라고 하자.
선택지는 3가지!

만약 처음에 A를 골랐다고 하자.

그러면 B나 C 중 꽝인 문을 알 수 있다.

처음에 목적지로 갈 수 있는 문을 고를 수 있는 확률은 3개 중 하나니까 $\frac{1}{3}$ 이다.

다음은 심기일전형 전략이다.

처음에 목적지로 갈 수 있는 문을 골랐을 때, 다른 하나는 꽝.

처음에 목적지로 갈 수 없는 문을 골랐을 때, 다른 하나는 목적지로 갈 수 있다.

심기일전형

② 만약 처음에 B를 골랐다고 하자.

그러면 C가 꽝이라는 걸 알 수 있다.

③ 만약 처음에 C를 골랐다고 하자.

그러면 B가 꽝이라는 걸 알 수 있다.

심기일전형은 처음에 목적지로 갈 수 있는 문을 고르지 않았다면, 결과적으로 확률이 $\frac{2}{3}$ 일 때 목적지로 갈 수 있는 문을 고를 수 있게 된다.

초지일관형보다 심기일전형의 전략이 목적지로 갈 수 있을 확률이 더 높다.

단, 이 이야기에는 주의할 점이 있다. 이 게임은 꽝인 문을 반드시 가르쳐주는 규칙을 명확하게 제시했다는 부분이 중요하다. 다시 선택할 여지가 있다는 걸 알기 때문에 처음에 꽝인 문을 선택해도 마지막에는 목적지로 갈 수 있는 문을 고를 수 있는 것이다.

만약 꽝인 문을 가르쳐주는 선택지를 출제자가 갖고 있다면, 이야기는 크게 달라진다.

출제자에 따라서 해답자가 오답을 선택했을 때는 선택권을 주지 않고, 해답자가 정답을 골랐을 때는 헷갈리게 만들기 위해(이 몬티 홀 문제를 알고 있어서 다른 문을 선택하게 하기 위해) 꽝인 문을 알려줘서 다시 한번 선택하게 만들려고 할 속셈이 있기 때문이다. 그럴 경우에는 출제자에게 규칙을 잘 설명해서 다시 문을 선택하는 부분부터 시작하면 정답을 맞힐 확률이 $\frac{2}{3}$ 로 올라간다.

참고로 문이 3개가 아니어도 똑같이 생각할 수 있다. 난도는 살짝 올라가지만, 같은 이치로 생각해 보기 바란다. 무언가를 살 때 도움이 될 수도 있지 않을까?

다케무라 도모코

STORY 27 자동판매기로 생각해 보는 사상 이야기

일본에서는 자동판매기가 굉장히 흔하다. 그래서 일본을 방문한 외국인들은 어느 곳에서든 음료를 쉽게 구할 수 있다는 사실에 종종 감동을 받는다. 특히 요 몇 년 동안은 코로나의 영향으로 음료뿐 아니라 신선한 음식이나 과자, 조리한 식품 등 다양한 레퍼토리의 자동판매기가 출시되었다. 그러고 보니 뽑기 요소와 자판기 요소를 합친 1,000엔 자판기도 있다. 전부터 궁금하긴 했는데 도전하기엔 용기가 더 필요할 것 같다.

본론으로 들어가 보자. 대학에 진학하고 배우는 수학에서는 집합과 집합 사이의 대응(규칙)을 생각하고 연구하는 일이 많다. 수학 용어로는 그런 규칙을 '사상'이라고 부른다.

앞에서 '일대일 대응'을 따진다는 이야기를 했는데, '잡아 온 생선과 가족 구성원', '자연수와 사물', '청팀 바구니의 공과 백팀 바구니의 공'을 예로 들어 대응했던 것도 사실 모두 사상 이야기로 볼 수 있다.

대학 수학이라니, 어렵게 생각하는 사람도 있겠지만 일대일 대응을 이해한 사람이라면 괜찮다. 이번에는 자판기를 예로 들어 수학과 학생들도 처음에는 애를 먹는 '전사'나 '단사', '전단사'라는 사상의 개념을 소개하려고 한다.

사물이 모인 것을 '집합'이라고 부른다는 얘기는 앞에서 했는데, 그 집합을 구성하는 것을 '원' 또는 '요소'라고 한다.

어려울 것 없다. 잡아 온 물고기 5마리를 하나의 집합이라고 생각한다면 그중 한 마리 한 마리가 요소이고, 자연수 전체를 하나의 집합으로 생각한다면 그 집합의 요소는 1, 2, 3, …이라는 자연수 하나하나가 된다.

그럼 앞에서 살짝 얘기한 사상에 대해 조금 더 정확하게 표현해 보겠다.

2개의 집합 A, B에 대해 A의 요소를 B의 요소에 대응시키는 규칙(대응)을 집합 A에서 집합 B로 가는 사상이라고 한다.

어렵게 들릴 수도 있는데, 이 사상의 개념은 우리 주변 곳곳에 숨어 있다. 여기서 자판기가 등장한다. 더 간단한 설명을 위해 다음과 같이 번호를 매긴 버튼에 자판기를 접목시켜 같이 생각해 보겠다.

1과 2 버튼을 누르면 같은 종류의 녹차가 나오고, 3번 버튼을 누르면 커피, 4번 버튼을 누르면 주스, 5번 버튼을 누르면 물을 살 수 있는 자판기가 있다. 이 자판기는 1에서 5라는 자연수 집합 A에서 4개의 음료로 이루어진 집합 B에 사상을 주고 있다고 볼 수 있다.

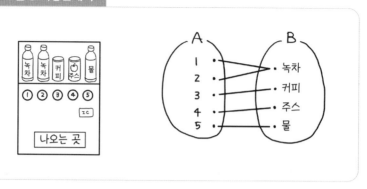

그림 ① 자동판매기

그림을 보면 숫자와 음료가 서로 대응하는 모습(선으로 묶여 있는 요소끼리 대응)을 알 수 있다. 이런 식으로 대응을 주는 규칙을 사상이라고 보는 것이다.

'아! 그럼 집합이 2개 있고 그 요소를 점으로 봤을 때, 각 집합의 점끼리 묶으면 사상이라고 해도 되는 건가?'라고 묻는다면 그렇진 않다.

아래 그림 ②를 보자.

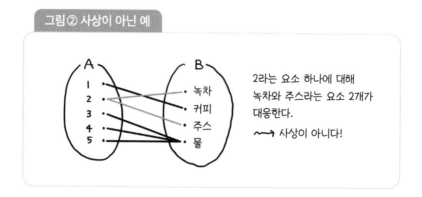

그림 ② 사상이 아닌 예

2라는 요소 하나에 대해 녹차와 주스라는 요소 2개가 대응한다.

⟿ 사상이 아니다!

그림 ①과 비슷하지만 색깔이 바뀐 부분을 보면 이상한 점이 보인다. 그림 ②를 그대로 실행하면, 2번 버튼을 눌렀을 때 녹차와 주스가 동시에 나온다. 이런 자판기는 없다. 그리고 똑같은 이유로 이런 것은 사상이라고 말할 수 없다. 사상이란 집합 A의 요소 하나를 집합 B의 요소 하나와 대응시키는 규칙이지, A의 요소 하나에 B의 요소 2개가 대응하는 경우는 생각하지 않는다.

단, 자판기의 예에서 '1을 눌러도 녹차, 2를 눌러도 녹차'처럼 집합 A의 요소와 집합 B의 요소를 하나씩 대응시켰더니 우연히 같은 곳으로 선이 겹치는 경우는 있다.

사상에 대해서 대충 이해를 했으리라 기대하면서, 지금부터는 살짝 응용해서 이야기하려고 한다.

사실 그림 ①처럼 B의 모든 요소로 선이 향해 있을 때, 그 사상을 '전사'라고 부른다. 자판기에서 네 종류의 음료(녹차, 커피, 주스, 물)를 파는데, '버튼 하나를 누르면 4종류의 음료가 전부 다 나올 수 있는 상황'이라는 것이다. '전부 다 살 수 있다'가 '전사'인 것이다.

그럼 '전사가 아닌 사상'은 어떤 것일까?

음료 자판기로도 설명은 할 수 있지만, 살짝 억지 설정이 될 것 같으니 서두에 잠깐 얘기했던 1,000엔 자판기를 예로 들어 보겠다.

1,000엔 자판기는 현실적으로 여러 가지 종류가 있겠지만, 그림처럼

겉에 호화 경품이 덕지덕지 붙어 있는 자판기로 생각해 보자.

이 자판기에는 11가지 경품이 붙어 있는데, 번호 버튼은 9개다. 번호 하나당 상품 하나가 할당되어 있다고 했을 때, 만약 9,000엔을 들여 모든 버튼을 눌러도 모든 상품을 얻지는 못한다.

하지만 이 자판기는 어쩌면 아래 그림 ③과 같은 사상을 주는 자판기일지도 모른다. 안 그래도 번호 버튼 9개에 상품 사진은 11개라서 아무리 노력해도 얻을 수 없는 상품이 있는데, 4번을 누르든 7번을 누르든 티셔츠만 나오는 상황도 있을 수 있는 것이다.

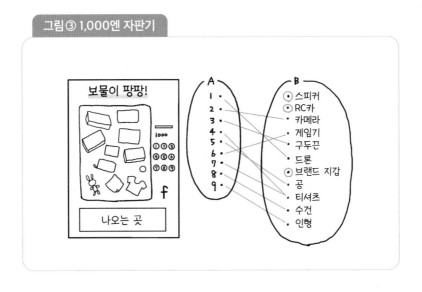

그림③ 1,000엔 자판기

이처럼 B 쪽에 아무런 선이 연결되어 있지 않은 요소가 있을 때, 그 사상은 '전사가 아닌 사상'이라고 한다. 그림 ③의 경우에는 스피커, RC

카, 브랜드 지갑은 그 어떤 버튼을 눌러도 얻을 수 없다. '모두 다 살 수 있다'가 성립하지 않는 것이 '전사가 아닌 사상'이다.

다음으로 그림 ③을 조금만 바꿔서 4번을 누르면 브랜드 지갑을 얻을 수 있도록 자판기 설정을 바꿔보겠다.

그림 ④를 보자.

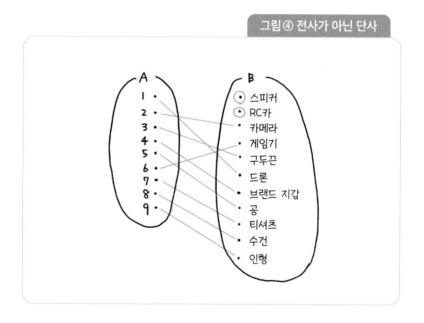

그림 ④ 전사가 아닌 단사

변함없이 어느 번호를 눌러도 스피커와 RC카는 얻을 수 없으므로 이 자판기 역시 전사가 아닌 사상이다. 하지만 그림 ④는 앞에 나온 그림 ③과 달리 지금부터 설명하는 '단사'라는 성질을 가졌다. ③과 ④는 어떤

211

차이가 있을까?

그림 ③에서는 4나 7중 아무거나 눌러도 티셔츠를 얻는데, 그림 ④에는 그러한 것이 없다. 그림 ④처럼 일단 선으로 묶여 있는 요소들끼리 '모두 단독'으로 묶여 있는 상태의 사상을 '단사'라고 한다. 여기까지 설명하고 처음에 들었던 음료 자판기 예를 다시 떠올려 보자.

그림 ①의 사상은 어떤 사상이라고 할 수 있을까? ①은 '모두 살 수 있다'라서 전사, 하지만 녹차에는 2개의 직선이 대응하기 때문에 단사는 아니다. 즉, '전사이지만 단사는 아닌 사상'이라고 할 수 있다. 참고로 그림 ③은 '전사도 단사도 아닌 사상'이다.

여기까지 '전사이지만 단사가 아닌 사상'(①번 예), '전사도 단사도 아닌 사상'(③번 예), '전사는 아니지만 단사인 사상'(④번 예)이 나왔는데, 그렇다면 '전사이기도 하면서 단사이기도 한 사상'이란 어떤 것일까?

이것을 '전단사 사상'이라고 하는데, 이게 바로 그 '일대일 대응'을 주는 사상이다. 자판기로 말하면 그림과 같이 번호 버튼 5개와 음료 5종류가 있고, '전부 다 살 수 있다'와 '번호와 음료가 단독으로 대응한다'를 둘 다 만족하는 상황이다.

이 장에서는 살짝 어려운 이야기를 해 봤는데, 집합의 요소끼리 대응시키는 사상이라는 개념에 대해 어느 정도는 알게 됐으리라 믿는다.

그런데 우리는 중학교나 고등학교에서 사상의 특별한 경우에 대해 이미 많이 배웠다는 사실을 알고 있는가? 사실 여러분이 학교에서 배운 '함수'는 사상의 일종이다. 함수는 숫자와 숫자를 대응시키는 사상이며, 사상은 숫자를 포함해서 어떤 것이든 대응시킬 수 있는 더 광범위하고 일반화된 개념이라고 할 수 있다. 지금까지 들었던 예에서도 알 수 있듯이, 사상이라는 개념은 우리 생활 곳곳에 사용되고 있다. 가끔은 주변을 둘러보고 사상을 찾아보자.

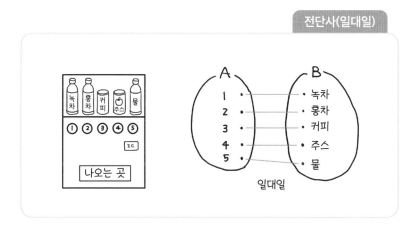

사카이 유키코

STORY 28 간식에도 수학이 필요해

[토폴로지]

오후 3시는 매일 매일 기다려지는 간식 시간이다. 오늘은 친구 두 명이 집에 놀러 온다고 해서 홀케이크를 사다 놨다. 좋아하는 컵에 홍차를 따르고, 셋이 사이좋게 먹을 수 있도록 케이크도 예쁘게 잘라 보려고 한다.

'케이크를 정확히 삼등분하는 방법'에서 소개했던 것처럼 삼각자의 직각삼각형을 의식하면 120°씩 예쁘게 자를 수 있었다. 수학에서 쓰는 삼각자는 간식 시간에도 존재감을 드러낸다.

물론 같은 모양(120°의 부채꼴) 3개로 자르는 방법 말고도(현실적으로 케이크 나이프로 잘 자를 수 있는지는 제쳐두고) 양을 삼등분하는 방법은 많이 있다.

원뿔 모양의 케이크를 위에서 봤을 때 원의 반지름이 6이라고 하면, 면적(반지름×반지름×π)은 $6×6×π=36π$이니까 하나에 $12π$가 되도록 나누면 된다.

그러니까 그림처럼 잘라도 세 조각의 양은 모두 같다(각 조각이 흩어지지 않도록 연결해서 자르려면 살짝 오차가 들어가지만).

얼핏 봤을 때는 잘 모르겠지만 반지름이 2, 4, 6인 반원의 면적이 순서대로 2π, 8π, 18π라는 것을 생각했을 때, 각 크기의 반원으로 구분 지어진 부분을 조합하면 12π를 만들 수 있다는 사실을 알 수 있을 것이다.

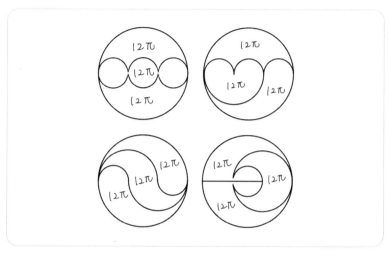

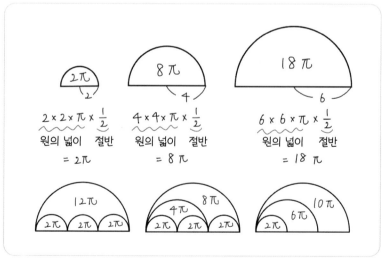

이렇게 케이크를 같은 양으로 나누는 방법을 생각해 봤는데, 각도나 면적을 정확히 재느라 지쳤다면 오늘은 조금 더 느긋하게 토폴로지 가치관으로 간식 시간을 보내보자. 토폴로지 세계에서는 각도나, 길이나, 넓이와 상관없이 자르거나 붙이지는 않고 연속적으로 변형할 수 있다면 다 같은 것(정확히는 '동상')으로 간주한다.

고무 막처럼 흐물흐물 늘리거나 줄이는 그런 대담한 변형을 하게 되면, 세상 모든 것들은 전부 다 '같은 것'이 되어버리지 않을까 걱정되지만, 여기서는 '자르거나 붙여서는 안 된다'라는 조건이 매우 강력하다.

예를 들어 공을 손잡이 달린 머그컵으로 변형하는 과정을 상상해 보자. 공의 위쪽을 푹 꺼지게 하면 일단 컵으로 변형할 수는 있다. 그리고 이제 손잡이가 달린 머그컵으로 변형시키려고 하는데, 과연 잘 될까?

왠지 비슷한 모양으로는 변형할 수는 있지만, 자르거나 붙여서는 안 된다는 조건이 있기 때문에 손잡이 부분에 구멍이 뚫린 머그컵으로 변형하기란 불가능하다. 차라리 튜브처럼 처음부터 구멍이 뚫려 있다면 머그컵으로 변형할 수 있다.

조건을 관대하게 확장시켜서 각도, 길이, 넓이가 다 바뀌도록 변형을 하는 와중에도 반드시 지켜지는 성질이란 튜브와 공의 차이에 나타나는 '구멍의 개수'인 것이다(수학적으로는 '종수'라고 한다).

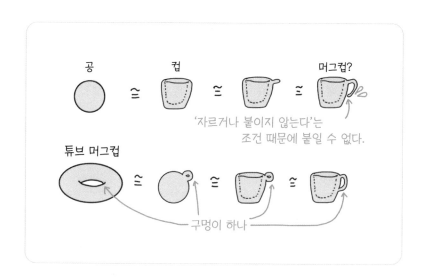

공　　　컵　　　　　　　머그컵?

'자르거나 붙이지 않는다'는
조건 때문에 붙일 수 없다.

튜브 머그컵

구멍이 하나

토폴로지 세계에서는 이렇게 모든 것을 구멍의 수로 분류한다. 이런 사실 때문에 '토폴로지스트(토폴로지 연구자)는 도넛과 머그컵을 구별하지 못한다'라는 유명한 농담까지 생겼다.

그렇다. 토폴로지의 관대한 시점으로 보면, 케이크를 나눌 때 크기는 물론이고 음식이나 그릇의 차이조차도 신경 쓰지 않을 것이다.

간식 시간에 테이블 위에 올라온 것들은 케이크나 도넛을 포함해서 구멍의 개수만 가지고 그림처럼 '같음'으로 간주하는 것이다.

그런데 대체 왜 이런 과대한 조건을 가지고 '같음'을 생각했을까? 왠지 이상하다. 지금부터 토폴로지의 어려운 문제, '푸앵카레 추측'을 소개하겠다.

토폴로지의 창시자라고도 불리는 프랑스의 수학자 앙리 푸앵카레는 1904년에 푸앵카레 추측을 제기했고, "이 문제는 우리를 훨씬 먼 세계로 데려다줄 것이다."라는 말을 남겼다.

이것은 '우주는 대체 어떤 모양인가?'라는 질문에 대해 상상할 수 있는 우주의 형태를 정리하고 분류했다며 큰 화제를 불러일으켰다.

그 후 거의 100년이 지난 2000년, 푸앵카레 추측은 미국의 클레이 수학 연구소에서 '밀레니엄 문제'로 뽑혀 100만 달러의 현상금이 걸렸다. 클레이 수학 연구소가 낸 밀레니엄 문제에는 그 밖에도 소수의 행동과 관계하는 '리만 가설' 등이 뽑혔는데, 지금까지 해결된 것은 총 7문제 가운데 푸앵카레 추측뿐이다.

푸앵카레 추측을 해결한 러시아의 수학자 그리고리 페렐만은 2006년 국제 수학자 회의에서 필즈상을 수상했음에도 상을 거절한 것으로 화제가 되었다. 필즈상은 '수학의 노벨상'이라 불리며 4년에 한 번 개최되는 국제 수학자 회의에서 40세 이하의 수학자에게 수여하는 상인데, 1936년에 상이 만들어진 후로 거절한 사람은 페렐만 단 한 명뿐이다.

아, 참. 홍차가 식기 전에 다 같이 케이크를 먹어보자. 모양이나 크기를 신경 쓰지 않고 마음대로 나누면 된다. 사실 오늘은 생일 축하 모임이라서 케이크에 알파벳과 숫자를 본뜬 쿠키를 올렸다. 티 없이 맑은 하늘 저편으로 우주의 모양을 상상하며 쿠키의 구멍 개수라도 세어 볼까?

생일 케이크

구멍 0개

구멍 1개

구멍 2개

오야마구치 나쓰미

STORY 29 사다리 타기로 곱셈을 해 보자

'사다리 타기'라는 말을 들으면 무엇이 떠오르는가?

아마 대부분의 사람이 비슷한 생각을 할 것이다. 한 곳에 있는 인원수와 똑같은 개수로 세로줄을 긋고, 그 세로줄 사이사이에 가로줄 몇 개를 그린 것, 그것이 현대의 사다리 타기다. 세로줄 하단에는 각각 당첨이나 꽝, 혹은 번호 등을 적어 놓고 세로줄 상단에서 줄을 타고 내려오면 사다리 타기는 완성된다.

사실 이 사다리 타기는 아시아에서 유래했다고 한다. 사다리 타기는 일본의 한 게임 제작사에서 출발한 그룹사가 만든 '아미다(사다리의 일본어)'라는 게임에서 시작되었다.

종이와 펜만 있으면 종이를 찢거나 변형하지 않아도 바로 만들 수 있는 사다리 타기는 과자 상자 안쪽에서도 본 적이 있어서 그런지 어릴 적부터 너무 친숙해서 유래에 대해 생각해 본 적은 없었지만, 외국 사람들은 사다리 타기를 보면 깜짝 놀란다고 한다.

우리에게는 친숙한 사다리 타기. 사실 대학에서 수학과 학생이 배우는 책에도 사다리 타기가 등장한다.

사다리 타기는 대학생들이 배우는 수학에서 '대칭군'이라는 개념과 대응시킬 수 있다. 이 책에서는 그렇게까지 어려운 이야기를 다루지 않을 예정이라, 극히 일부이긴 하지만 제목에도 나와 있듯이 사실 사다리 타기로 곱셈을 할 수 있다는 부분만 소개하려고 한다.

먼저 사다리를 평소와는 다른 관점으로 바라보자. 여기서 다시 질문하겠다. 사다리 타기란 무엇인가?

앞에서는 인원수만큼 세로선을 그리고, 그 사이에 가로선을 그린다는 식으로 모양에 관해서만 설명했다. 이제 겉모습 말고 '일어나는 일'에 주목해 보자.

사다리 타기는 왜 편리할까?

사다리 타기는 가로선을 빽빽하게 그려서 아무리 복잡한 경로를 만든다 해도 출발점이 다르면 목적지가 겹치는 일이 없다는 점이 정말 대단하다.

우리는 어릴 적부터 당연한 사실로 알고 사용해 왔다(사실 수학적으로도 설명이 가능하다). 이 사실 때문에 당첨과 꽝은 물론이고, 5명이면 5명 모두에게 중복 없이 골고루 번호를 매길 수 있다.

설명을 단순화하기 위해 세로선이 3개 있는 사다리를 예로 들어 생각해 보겠다. 결과에만 주목했을 때, 사다리 타기는 몇 종류를 생각할 수 있을까?

예를 들어 토끼, 곰, 고양이를 이 순서 그대로 사다리 상단에 배치하기로 했다. 앞에서도 확인했듯이 사다리 타기를 할 때는 상단을 따로따로 골랐다면 목적지가 일치하는 일은 없기 때문에 결과적으로 하단에는 토끼와 곰과 고양이가 각각 한 군데씩 도착하게 된다.

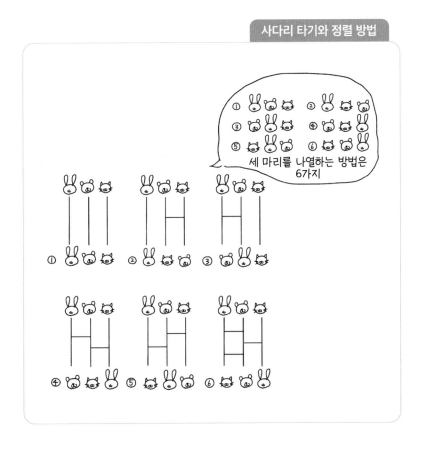

따라서 세 마리 동물을 나열하는 방법의 수가 곧 사다리 타기와 같다고 할 수 있다. 세 마리의 정렬 방식은 6가지로 나열할 수 있으므로 결과만 보면 세로선이 3개 있는 사다리 타기는 6종류밖에 없다는 사실을 알 수 있다.

물론 가로선을 많이 그리면 겉모양은 달라 보이지만, 세 마리의 동물이 어떤 경로를 통과하든 상관없이 결과는 이 6종류밖에 없다.

평소에는 사다리 타기를 쓸 때 '내가 고른 건 어디로 갈까'라는 사실에만 주목하는데(당연하다), 지금처럼 '전원의 목적지가 어떻게 되는가'에 주안점을 두면, 사다리 타기에 참가하는 사람을 나열하는 것만 생각하면 된다.

그럼 이번에는 앞에서 나온 세로선이 3개인 사다리의 곱셈에 대해 생각해 보자. 그 전에 사다리 타기 때와 똑같은 질문을 던져보고 싶다. 곱셈이란 무엇인가?

평소에는 너무 익숙하게 계산을 하기 때문에 깊게 생각한 적이 없을지도 모르겠다. 여기서는 대략 사다리 2개를 곱하면 정답이 제대로 나오는데, '곱셈에서 숫자 1의 역할을 하는 사다리'가 있고(숫자 1은 '1을 곱해도 원래 숫자는 변하지 않는다'는 성질을 가졌다), '서로 곱했을 때 1이 되는 특성을 가진 사다리(숫자로 말하면 역수)'가 반드시 존재한다. 그런 계산을 곱셈이라고 생각하기로 한다.

곱셈이란?

- 곱해서 답이 나온다.
- '곱셈에서 숫자 1의 역할을 하는 것'이 있다.
- '서로 곱했을 때 1이 되는 특성을 가진 것(숫자로 말하면 역수)'이 반드시 존재한다.

$\frac{1}{2}$ 은 2의 역수

$2 \times \frac{1}{2} = 1$ 곱하면 1이 되네!

그런데 사다리 타기로 어떻게 곱셈한다는 걸까?

사실 사다리 타기의 곱셈은 매우 간단하다. 그림과 같이 사다리 2개를 곱할 때는 오른쪽 사다리를 위에 놓고, 아래에 나머지 하나를 붙여서 두 사다리를 연결하기만 하면 된다. 그러면 세로선이 3개인 사다리끼리 연결한 셈이라 세로선이 3개인 사다리가 새로 생기는 것이다.

다음에는 앞에서 설명했듯이 ②번과 ③번 사다리를 곱하면 ④번 사다리가 되는 그림이다. 앞서 세로선이 3개인 사다리 타기는 6종류밖에 없다는 사실을 이미 확인했다. 따라서 사다리의 곱셈 결과도 아까 나온 6종류 중 하나가 되는 것이다.

225

오른쪽 사다리가 위로 오도록 위아래로 2개를 연결한다!

한 가지 더 예를 들어 확인해 보자. 이번에는 ⑤번과 ④번을 곱해 보겠다. 앞에서 했던 것처럼 ④번 사다리를 위에 놓고 ⑤번 사다리를 아래로 연결했더니, 어라? 앞에서 했던 6종류와는 모양이 다른 사다리가 나왔다.

하지만 당황할 필요는 없다. 사실 정답은 6종류의 사다리 타기 방식 중에 있다. 실제로 사다리 타기를 해 보면 안다.

그렇다. 이것은 가로선이 하나도 없는 ①번과 똑같은 결과를 가져다주는 사다리다. 조금만 생각해 보면 당연한 일이지만 사다리 타기를 할 때는 그림처럼 가로선이 2개 나열되어 있고 다른 가로선의 간섭을 받지 않는 경우에는 결과적으로 가로선이 전혀 없는 상태와 똑같아진다.

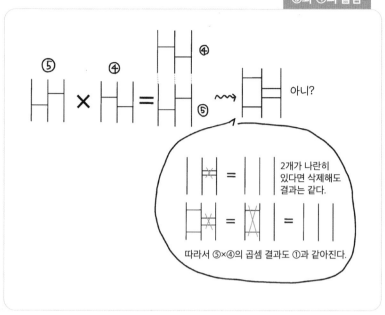

가로선 2개가 세로로 나란히 있으면 가로선 2개는 지워도 좋다. 이 규칙만 알면 앞에서 곱셈 결과가 ①번과 같아지는 이유도 바로 알 수 있다. 다른 곱셈 역시 이 규칙을 기반으로 변형하면 결국에는 6종류 중에 하나가 나온다는 것을 확인할 수 있다.

그런데 숫자의 곱셈에서는 1을 곱해도 원래 숫자가 변하지 않는다고 했는데, 사다리에서 1의 역할을 하는 사다리가 이 6종류 안에 있다는 걸 알겠는가?

그렇다. 가로선이 하나도 없는 ①번 사다리는 아무 사다리 위에 올리거나 아래에 붙여도 세로선의 길이가 길어지기만 할 뿐 사다리의 성질은 바뀌지 않는다. ①번이 사다리 곱셈의 세계에서 '숫자 1'에 해당하는 사다리인 것이다.

그렇다면 역수에 해당하는 사다리는 어떨까?

마침 2번째로 소개한 사다리 곱셈의 예에서 사다리 2개를 곱했더니 ①번 사다리가 됐다. 즉, ④번의 역수에 대응하는 것은 ⑤번 사다리임을 알 수 있다.

이 ④번과 ⑤번의 모양을 보면 무언가 떠오른다. 바로 깔끔한 대칭형이다. 사실 사다리 곱셈의 역수에 해당하는 것은 원래의 사다리를 위아래 반으로 접은 것이다. ④번을 위아래로 반 접으면 ⑤번 사다리가 된다. 참고로 ④번과 ⑤번 말고 다른 사다리들은 반을 접어도 자기 자신과 똑같은 모양이 나온다. 즉, ④번과 ⑤번 말고는 같은 사다리를 2개 연결하면 ①이 된다는 뜻이다!

②번을 2개 연결하면 가로선 2개가 세로로 나란히 나타난다. 그 가로선 2개는 지워도 되니까 결국에는 가로선이 하나도 없는 ①번 사다리가 된다. 다른 관점으로 보면, ②번 사다리는 곰과 고양이의 순서만 바뀌었다. ②번 아래에 ②번을 하나 더 연결한다는 것은 곰과 고양이의 순서를 한 번 더 바꾸는 셈이기 때문에, 결국 '두 마리의 순서를 두 번 바꾸면 제자리로 돌아오기 때문에 순서를 바꾸지 않은 것과 같은 결과'가 나온다는 것이다.

여기서는 세로선 3개짜리 사다리 타기만 생각해 봤는데, 세로선 개수가 같은 사다리는 반드시 연결할 수 있으니 3개뿐 아니라 숫자가 늘어난 사다리도 이 방법으로 곱셈을 할 수 있다. 조금만 더 여유가 있었다면 생각한 대로 순서를 바꿀 수 있는 사다리를 만드는 방법까지 소개했겠지만, 이야기가 길어질 테니 이쯤에서 마무리하기로 하겠다.

대학생 때 배우는 수학에서는 이렇게 숫자가 아닌 것으로 곱셈을 생각하는 일이 종종 있다. 그리고 이 사다리 타기 자체도 '모든 사람의 목적지'에 주목하게 되면, 대학 수학에서 배우는 '치환'이나 '군'이라는 수학적 개념에 깊이 파고들 수 있게 된다. 이들은 DNA의 나선구조, 원자구조 등 특히 대칭성을 기술할 때 도움이 되는 개념이다. 어릴 때부터 자주 쓰던 사다리 타기가 그런 복잡한 과학 세계와 관련이 있다니, 참으로 신비하고 흥미롭다.

수학은 생각보다 훨씬 더 우리 주변에 많이 있을지도 모르겠다.

사카이 유키코

STORY 30 | 무궁무진한 수학, 일상 속 즐거움

일상생활 속에는 수학적인 화제가 무궁무진하게 숨겨져 있다. 마지막으로 미처 소개하지 못했던 이야기들을 조금씩 전하려 한다. 키워드도 같이 뽑아 봤으니 이 책을 덮은 후에도 계속 관심을 가져주었으면 한다.

색종이

어릴 적에 누구나 미술 시간에 색종이를 써봤을 것이다. 색종이 역시 수학과 깊은 관련이 있다. 색종이나 서류를 반으로 접는 건 아주 쉽지만, 삼등분을 하고 싶을 때는 어떻게 할까? 나는 야무지지 못해서 아무런 표시도 하지 않은 채 색종이나 서류가 삼등분이 되도록 둥글게 만 다음, 천천히 접어서 눈짐작으로 등분한다.

하지만 정확히 삼등분을 하고 싶으면 어떻게 해야 할까? 사실은 그렇게 어렵지 않게 해결할 수 있다. 그리고 같은 방법으로 다양한 등분 방법도 소개되어 있다. 여기서는 삼등분하는 방법을 색종이로 소개하려고 한다.

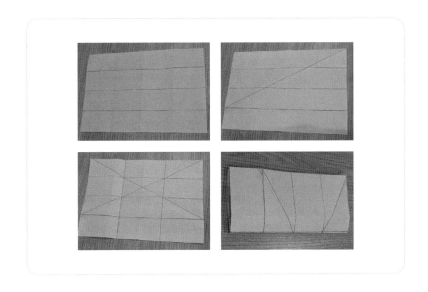

먼저 삼등분으로 접고 싶은 방향이 아닌 쪽으로 사 등분이 되도록 종이를 두 번 접는다.

다음으로 모서리와 사 등분 중에서 세 번째 부분을 삼각형으로 접는다.

그다음에 삼각형으로 접은 선과 처음에 접었던 사 등분선이 교차하는 곳을 기준으로 접는다.

이렇게 해서 삼등분이 완성된다!

자국이 남기 때문에 중요한 편지를 접을 때는 미리 삼등분할 곳을 찾아내서 표시한 다음에 접으면 된다.

그 밖에도 등분을 찾는 방법은 여러 가지가 있다. 또한 각도를 등분으로 나누는 문제도 있으니 관심이 있으면 꼭 '종이접기', '수학', '기하학' 같은 키워드로 책을 찾아보면서 심오한 재미를 느껴보길 바란다. 색종이가 지도나 우주, 그리고 의료와도 연결되어 있다는 사실도 알 수 있다.

(키워드 : 색종이, 등분, 기하학)

타일링

타일링 하면 무슨 생각이 떠오르는가? 산책로나 상점가에 깔린 블록이 생각난다. 그리고 예쁜 벽돌집도 그렇다.

산책로

이런 산책로를 본 적이 있는가? 이것은 비샤몬킷코(毘沙門﹁甲, 정육각형을 상하 좌우로 연결한 거북이 등껍질 무늬 3개를 조합하여 만듦)라고 불리는 무늬다. 신기한 타일링을 길거리에서 발견하면, 어떻게 만든 건지 궁금할 때가 있다.

타일링도 수학과 관련이 있다. 중학교 때 배운 선대칭, 점대칭 개념이 들어있다. 착시 그림으로 유명한 모리츠 코르넬리스 에셔를 아는가? 대칭성을 사용하면 에셔처럼 직접 타일링 작품을 만들 수도 있다. 꼭 알아보기 바란다.

(키워드 : 타일링, 테셀레이션, 에셔)

고속도로의 커브

운전을 좋아하는 사람은 많다. 나도 운전을 해 보고 싶지만 아직 면허도 없다. 고속도로의 커브를 돌 때 나는 창밖을 바라보는 편인데, 그때 머릿속으로는 귀여운 곡선을 그리고 있다.

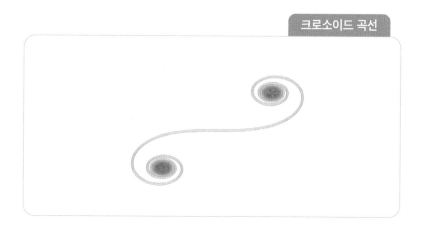

크로소이드 곡선

이 모양은 '크로소이드 곡선'이라 불린다. 커브를 돌 때 핸들을 천천히 기울이는데, 그때 운전자에게 부담이 되지 않도록 고안한 곡선의 일부가 고속도로의 커브에도 사용이 되었다고 한다. 커브가 원래 이렇게 귀여운 곡선이었다니!

(키워드 : 크로소이드 곡선, 사이클로이드 곡선, 롤러코스터 최속하강선)

나이를 외우는 기술

나이를 묻는 것은 실례지만, 신세를 많이 진 분에게는 특별한 날에 선물을 주거나 기념이 될 만한 이벤트를 하고 싶을 때가 있다.

나이를 직접 묻기가 어려울 때 나는 띠를 물어본다. 나이보다 너무 직접적이지 않아서 그런지 거부감 없이 알려주는 분들이 많다. 십이지를 알면 태어난 해도 예상할 수 있다.

나이를 간지로 나눠서 십이지, 그러니까 열두 종류의 그룹으로 나이를 나눠서 머릿속에 넣어 두면 몇 년이 지나도 그분의 나이를 까먹지 않는다.

사실 나는 타인의 이름이나 나이를 잘 외우지 못하는 편이었다. 그런데 나이를 십이지로 외우기 시작했더니 지금까지 외우지 못했던 사람들의 나이를 외우기가 쉬워졌다. 머릿속으로 사람들을 간지 그룹으로 나눠서 외우는 것이다. 예를 들어 ○○ 씨는 소띠, 이런 식으로 말이다. 좋아하는 운동선수나 연예인의 나이도 궁금하면 간지로 그룹을 나눈다.

이때 나이를 십이지라는 12개의 그룹으로 나누는 사고법을 이용하는데, 예를 들어 초등학생 때 배웠던 홀수와 짝수, 3으로 나누면 나누어떨어지는 수, 3으로 나누면 1이 남는 수, 3으로 나누면 2가 남는 수로 나눠서 생각하는 수학의 사고법이 숨어 있다. 타인의 이름을 외울 때 좋은 방법은 뭐 없을까?

(키워드 : 잉여류, mod)

이렇게 재미난 수학 이야기는 무궁무진하지만, 여기까지 하도록 하겠다. 서점에서 수학 코너(문제집 코너도 좋다)에 살짝 발을 들여 보자. 눈부신 수학이 펼쳐져 있을 테니 말이다.

다케무라 도모코

나오며

『눈부신 수학』을 읽어 주셔서 감사드린다. 수학이 어려워서 눈이 부신 게 아니라 수학이 재미있어서 눈이 부시기도 한다는 걸, 거기에 인생을 풍요롭게 만드는 힌트가 숨어 있다는 걸 느끼셨길 바란다.

우리 세 사람은 수학을 전공해 박사 학위를 취득했고, 현재는 대학교에서 수학을 가르치고 있다. 일반적으로는 대학교수, 수학자 등으로 분류되는 직업에 속해 있다. 대학교수라고 하면 어떤 이미지인지 잘 모르겠지만, 조금 깐깐할 것 같다는 인상이 있을지도 모르겠다. 우리는 좋아하는 학문을 업으로 삼은 운이 좋은 사람들이자, 수다 떨기도 좋아하고 각자 취미도 가진 그런 사람들이다.

우리는 '수리 여자'라는 중·고등학생들에게 수학의 매력을 알리는 웹페이지와 인연을 맺게 되면서 이 책을 쓰게 되었다. 처음에는 수리를 좋아하는 사람들의 지적 호기심을 충족시키는 책을 계획했으나, 가능하면 수리에 관심이 없고 오히려 수학과 거리가 먼 사람들도 수학을 친숙하게 느낄 수 있는 책을 쓰고 싶었고, 그렇게 이 책이 탄생하게 되었다.

셋이 즐겁게 책상 앞에 둘러앉아 우리가 매료된 세계를 어떤 식으로 표현하면 전해질지 생각했던 시간은 그 무엇으로도 바꿀 수 없는 시간이다.

수학에 거리를 느끼는 분들이 조금이라도 친근하게 받아들일 수 있도록 수학적으로 애매한 표현을 쓴 부분도 있지만, 거기서 흥미를 느끼고 수학에 관심을 가져 준다면 정말 기쁠 것이다.

이 책을 통해 살짝 거리가 느껴졌던 수학이 한결 가까워지고, 나아가 생활 속에서 그 숨결을 느낄 수 있으면 좋겠다.

눈부신 수학

펴낸날 2025년 2월 20일 1판 1쇄

지은이 다케무라 도모코, 오야마구치 나쓰미, 사카이 유키코
옮긴이 김소영
펴낸이 김영선, 김대수
편집주간 이교숙
책임교정 나지원
교정·교열 정아영, 이라야
경영지원 최은정
디자인 박유진·현애정
마케팅 신용천

펴낸곳 미디어숲
주소 경기도 고양시 덕양구 청초로 10 GL 메트로시티한강 A동 20층 A1-2002호
전화 (02) 323-7234
팩스 (02) 323-0253
홈페이지 www.mfbook.co.kr
출판등록번호 제 2-2767호

값 18,800원
ISBN 979-11-5874-247-8(03410)

미디어숲과 함께 새로운 문화를 선도할 참신한 원고를 기다립니다.
이메일 dhhard@naver.com (원고투고)